本书获以下资助

● 国家自然科学基金地区科学基金项目"西南地区竹子蜡蝉的区系、分类及 DNA 条形码研究"（32060343）

● 国家自然科学基金地区科学基金项目"中国竹子叶蝉区系、分类及 DNA 条形码研究"（31860209）

● 贵州省科技支撑计划项目"贵州竹子刺吸类害虫绿色防控技术及应用"（黔科合支撑 [2020]1Y129 号）

内容简介

竹子刺吸类昆虫主要包括蜡蝉、叶蝉、沫蝉、蚜虫、介壳虫、蟥等半翅目类群。本书收录贵州竹子上的刺吸类昆虫共 192 种，分别隶属于 23 科 120 属。书中列出了每种昆虫的中名、学名、分类地位、寄主植物及地理分布信息，提供了每种昆虫的生态照片、生境及寄主植物照片（作者野外调查研究时拍摄，绝大部分为首次发表）共计 625 幅。

本书有助于对常见竹子刺吸类害虫的鉴定，亦可供高等院校生命科学、涉农涉林学科等相关专业师生，农林生产部门植物保护和森林保护相关技术人员以及昆虫学爱好者参考学习。

贵州竹子刺吸类昆虫生态图鉴

Guizhou Zhuzi Cixilei Kunchong
Shengtai Tujian

陈祥盛 杨 琳 / 著

Xiang-Sheng Chen and Lin Yang

贵州大学出版社
Guizhou University Press

图书在版编目（CIP）数据

贵州竹子刺吸类昆虫生态图鉴 / 陈祥盛，杨琳著
. -- 贵阳 ：贵州大学出版社，2023.1
ISBN 978-7-5691-0749-4

Ⅰ．①贵… Ⅱ．①陈… ②杨… Ⅲ．①竹－吸汁害虫
－贵州－图谱 Ⅳ．①S763.75-64

中国国家版本馆CIP数据核字(2023)第086671号

贵州竹子刺吸类昆虫生态图鉴

著　　者：陈祥盛　杨　琳

出 版 人：闵　军
责任编辑：方国进
责任校对：韦　霞
装帧设计：陈　艺　方国进

出版发行：贵州大学出版社有限责任公司
　　　　　地址：贵阳市花溪区贵州大学东校区出版大楼
　　　　　邮编：550025　电话：0851-88291180
印　　刷：深圳市和谐印刷有限公司
开　　本：889毫米×1194毫米 1/16
印　　张：13.75
字　　数：416千字
版　　次：2023年1月第1版
印　　次：2023年1月第1次印刷

书　　号：ISBN 978-7-5691-0749-4
定　　价：168.00元

前　言

　　竹子是禾本科（Gramineae）竹亚科（Bambusoideae）植物的通称，广泛分布于地球的热带和亚热带地区。我国是世界竹子的中心产区之一，竹林面积已超过 640 万公顷（江泽慧：《中国竹类植物图鉴·前言》，科学出版社，2020）。竹子具有生长快、产量高等特点。竹材的收缩量小，具有高度的割裂性、弹性和韧性，用途广泛，因而竹子以其特殊的经济价值在国家林业经济发展中占据着极其重要的地位。竹子富含糖分和水分，且四季常青，滋养着非常丰富的昆虫资源。随着竹林面积不断扩大，竹子虫害频发，危害日益加重，严重阻碍竹产业的可持续发展。

　　蜡蝉、叶蝉、沫蝉、蚜虫、介壳虫、蟓等半翅目昆虫，是竹子生长发育过程中主要的刺吸类害虫，近年来对竹子的危害呈上升趋势。根据作者这些年来的初步调查，花翅梯顶飞虱 Arcofacies maculatipennis、短头飞虱 Epeurysa nawaii、台湾竹飞虱 Bambusiphaga taiwanensis、叉突竹飞虱 Bambusiphaga furca、台湾叶角飞虱 Purohita taiwanensis、黄小头飞虱 Malaxella flava、三突寡室袖蜡蝉 Vekunta triprotrusa、翅痣寡室袖蜡蝉 Vekunta stigmata、双齿同线菱蜡蝉 Neocarpia bidentata、竹鳎扁蜡蝉 Tambinia bambusana、缅甸安小叶蝉 Anaka burmensis、长突双干小叶蝉 Trifida elongata、白斑额垠叶蝉 Mukaria albinotata、白足额垠叶蝉 Mukaria pallipes、竹类额垠叶蝉 Mukariella bambusana、叉突平额叶蝉 Flatfronta pronga、二点颜脊叶蝉 Xenovarta acuta、竹尖胸沫蝉 Aphrophora notabilis、科顿粉角蚜 Ceratovacuna keduensis、林栖粉角蚜 Ceratovacuna silvestrii、竹叶草粉角蚜 Ceratovacuna oplismeni、居竹伪角蚜 Pseudoregma bambucicola、高雄伪角蚜 Pseudoregma koshunensis、居竹拟叶蚜 Phyllaphoides bambusicola 等对竹子的危害较重，已成为竹子主要的刺吸类害虫。然而，由于此类昆虫种类繁多、形体多样，加上为害初期症状不明显，未能引起足够重视，因而研究基础相对薄弱，目前存在种类鉴定困难、物种多样性不清、发生危害及生物学和生态学相关资料缺乏等问题，为该类害虫的精准防控造成极大困难。

　　作者所在竹子昆虫研究团队长期从事竹子蜡蝉和竹子叶蝉的物种多样性、地理分布、发生危害及绿色防控技术等领域的研究工作，先后获得 1 项国家自然科学基金面上项目、1 项国家自然科学基金青年科学基金项目、6 项国家自然科学基金地区科学基金项目、1 项中国博士后科学基金项目以及 1 项贵州省优秀科技教育人才省长专项资金项目的资助，目前已正式发表竹子叶蝉和竹子蜡蝉的新属 10 个、新种 99 个。近年来，在贵州省科技支撑计划"贵州竹子刺吸类害虫绿色防控技术及应用（黔科合支撑〔2020〕1Y129 号）"的资助下，研究团队在继续开展竹子蜡蝉、竹子叶蝉研究的同时，对竹子上的沫蝉、蚜虫、介壳虫、蟓等半翅目昆虫亦开展了较系统的调查研究。在长期的野外调查过程中，作者拍摄了大量在竹子上取食、栖息的半翅目昆虫生态照及其生境和寄主植物生态照。此次从中选择了在贵州境内的竹子上拍摄的 192 种昆虫生态照，系统整理成册出版，以期为该类害虫的种类鉴定以及更进一步的深入研究提供基础资料。本书选取的竹子刺吸类昆虫生态照，拍摄时间跨度较长，最早的是于 2004 年 8 月在贵州省遵义市道真仡佬族苗族自治县大沙河国家级自然保护区拍摄的半暗马来飞虱 *Malaxa semifusca* 的生态照片，距今已将近 20 年。书中所有生态照片，除特别注明之外均为作者本人拍摄，且绝大多数为首次公开发表。

本书从前期准备到最终整理成册出版，得到了国内诸多专家以及贵州大学昆虫研究所师生的支持和帮助，主要有：

贵州大学昆虫研究所龙见坤副教授、常志敏副教授，往届及在读研究生张争光、侯晓晖、张培、刘明宏、邓晗嵩、李红荣、郑延丽、郑维斌、杨卫诚、张玉波、周正湘、王英鉴、杨良静、智妍、罗强、董梦书、徐世燕、李洪星、姚亚林、赵正学、丁永顺、母银林、隋永金、龚念、李凤娥、王晓娅、王静、姜日新、吕莎莎、周治成、汪洁、朱文丽、郑本燕、赵永桃、单龙龙、刘天俊、龙婷婷、范明玉、唐敏、赵艳、冉星明、李钰琳，以及 2023 届本科生姚杏、刘德湘等给予了大力协助。

贵州大学昆虫研究所往届博士研究生刘曼拍摄并提供了短凹大叶蝉 *Bothrogonia exigua* 及撑绿竹的生态照片，贵州大学昆虫研究所龙见坤副教授、2021 届博士研究生王英鉴拍摄并提供部分蜡蝉的生态照片，2021 届硕士研究生郑心怡拍摄并提供部分飞虱的生态照片，2022 届硕士研究生田枫、2023 届硕士研究生蒙仕涛拍摄并提供部分介壳虫的生态照片，2023 届硕士研究生朱文丽、郑本燕拍摄并提供部分螨及蚜虫的生态照片。

中国科学院动物研究所乔格侠研究员帮助鉴定蚜虫种类，天津师范大学生命科学学院梁爱萍教授帮助鉴定沫蝉种类，贵州大学生命科学学院苟光前教授协助鉴定部分竹子种类，贵州大学昆虫研究所杨茂发教授帮助鉴定部分大叶蝉种类，贵州大学昆虫研究所邢济春教授帮助鉴定介壳虫种类，2019 届博士研究生智妍帮助鉴定菱蜡蝉种类，2022 届博士研究生龚念帮助鉴定卡蜡蝉种类，在读博士研究生隋永金帮助鉴定袖蜡蝉种类，2022 届硕士研究生吕莎莎帮助鉴定粒脉蜡蝉种类，2022 届硕士研究生田枫、2023 届硕士研究生蒙仕涛帮助鉴定介壳虫种类，2023 届硕士研究生朱文丽、郑本燕初步鉴定了螨和蚜虫种类。

在本书即将出版之际，特对上述专家、老师和同学致以衷心的感谢！

由于作者水平所限，书中的错误或不妥之处在所难免，敬请各位同行和读者朋友给予指正。

陈祥盛 杨琳

2022 年 12 月

目　录

1. 花翅梯顶飞虱 *Arcofacies maculatipennis* Ding

（图 1-1）

分类地位： 飞虱科 Delphacidae，梯顶飞虱属 *Arcofacies*。

寄主植物： 慈竹等竹类植物。

地理分布： 中国（四川、贵州、广西、重庆、湖北）。

图 1-1　花翅梯顶飞虱 *Arcofacies maculatipennis*

A. 雌成虫栖息状；B. 雌、雄成虫栖息状；C. 生境及寄主植物（慈竹）

（2007 年 4 月 22 日，拍摄于贵州省贵阳市南明区森林公园）

2. 叉突竹飞虱 *Bambusiphaga furca* Huang & Ding　　　　（图 1-2）

分类地位：飞虱科 Delphacidae，竹飞虱属 *Bambusiphaga*。

寄主植物：慈竹等竹类植物。

地理分布：中国（贵州、云南、广西、台湾、青海、湖北、湖南），印度。

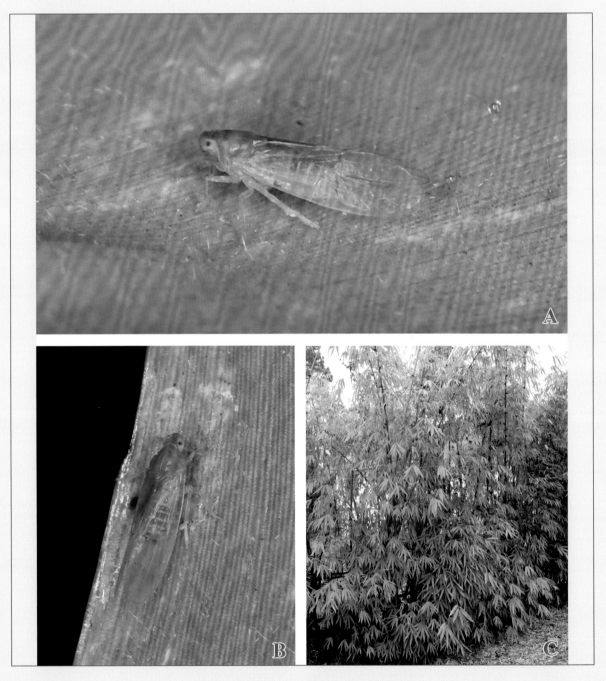

图 1-2　叉突竹飞虱 *Bambusiphaga furca*

A~B. 雄成虫栖息状；C. 生境及寄主植物（慈竹）

（2022 年 10 月 8 日，拍摄于贵州省贵阳市贵安新区马场镇平寨村）

3. 贝氏竹飞虱 *Bambusiphaga bakeri* (Muir) （图 1-3）

分类地位：飞虱科 Delphacidae，竹飞虱属 *Bambusiphaga*。

寄主植物：竹类植物。

地理分布：中国（贵州、云南、陕西、台湾、广西、海南、江西、河北、山东、湖北、湖南），菲律宾（拉古纳、吕宋岛），马来西亚（槟城州），新加坡。

图 1-3　贝氏竹飞虱 *Bambusiphaga bakeri*

A~B. 成虫栖息状；C. 生境及寄主植物

（2015 年 9 月 14 日，拍摄于贵州省黔南布依族苗族自治州罗甸县罗悃镇）

4. 台湾竹飞虱 *Bambusiphaga taiwanensis* (Muir)

（图 1-4）

分类地位：飞虱科 Delphacidae，竹飞虱属 *Bambusiphaga*。

寄主植物：竹类植物。

地理分布：中国（台湾、福建、贵州、广西、云南、湖南）。

图 1-4　台湾竹飞虱 *Bambusiphaga taiwanensis*

A~B. 成虫栖息状；C. 生境及寄主植物

（2015 年 9 月 3 日，拍摄于贵州省黔西南布依族苗族自治州安龙县仙鹤坪自然保护区）

5. 罗甸竹飞虱 *Bambusiphaga luodianensis* Ding

分类地位：飞虱科 Delphacidae，竹飞虱属 *Bambusiphaga*。

寄主植物：甜龙竹等竹类植物。

地理分布：中国（贵州、陕西、云南、福建、海南、广西）。

图 1-5　罗甸竹飞虱 *Bambusiphaga luodianensis*

A. 雄成虫栖息状；B. 雌成虫栖息状；C. 生境及寄主植物（甜龙竹）

（2022 年 7 月 10 日，拍摄于贵州省黔西南布依族苗族自治州望谟县麻山镇）

6. 翅斑竹飞虱 *Bambusiphaga maculata* Chen & Li （图 1-6）

分类地位： 飞虱科 Delphacidae，竹飞虱属 *Bambusiphaga*。

寄主植物： 竹类植物。

地理分布： 中国（贵州、甘肃、云南、河南、广西、湖南）。

图 1-6 翅斑竹飞虱 *Bambusiphaga maculata*

A. 雄成虫栖息状；B. 雌成虫栖息状；C. 生境及寄主植物

（2014 年 9 月 7 日，拍摄于贵州省黔东南苗族侗族自治州雷山县雷公山国家级自然保护区）

7. 望谟竹飞虱 *Bambusiphaga wangmoensis* Chen & Li

分类地位：飞虱科 Delphacidae，竹飞虱属 *Bambusiphaga*。

寄主植物：竹类植物。

地理分布：中国（贵州、云南、湖北、湖南）。

图 1-7　望谟竹飞虱 *Bambusiphaga wangmoensis*

A~B. 雌成虫栖息状；C. 生境及寄主植物

（2014 年 11 月 23 日，拍摄于贵州省黔南布依族苗族自治州长顺县威远镇永增村潮井）

8. 昆明竹飞虱 *Bambusiphaga kunmingensis* Chen & Yang （图 1-8）

分类地位： 飞虱科 Delphacidae，竹飞虱属 *Bambusiphaga*。

寄主植物： 竹类植物。

地理分布： 中国（贵州、云南）。

图 1-8　昆明竹飞虱 *Bambusiphaga kunmingensis*

A~B. 雄成虫栖息状；C. 生境及寄主植物

（2016 年 9 月 28 日，拍摄于贵州省毕节市威宁彝族回族苗族自治县草海国家级自然保护区）

9. 膜突竹飞虱 *Bambusiphaga membranacea* Yang & Yang　　（图 1-9）

分类地位： 飞虱科 Delphacidae，竹飞虱属 *Bambusiphaga*。

寄主植物： 竹类植物。

地理分布： 中国（贵州、台湾）。

图 1-9　膜突竹飞虱 *Bambusiphaga membranacea*

A~B. 雌成虫栖息状；C. 生境及寄主植物

（2015 年 9 月 3 日，拍摄于贵州省黔西南布依族苗族自治州安龙县仙鹤坪自然保护区）

10. 橘色竹飞虱 *Bambusiphaga citricolorata* Huang & Tian

分类地位：飞虱科 Delphacidae，竹飞虱属 *Bambusiphaga*。

寄主植物：竹类植物。

地理分布：中国（贵州、云南、湖南）。

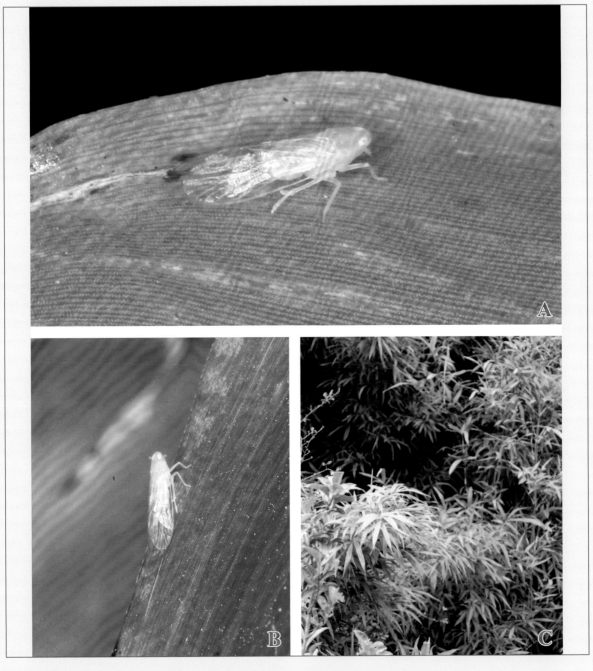

图 1-10　橘色竹飞虱 *Bambusiphaga citricolorata*

A~B. 雄成虫栖息状；C. 生境及寄主植物

（2018 年 7 月 30 日，拍摄于贵州省黔南布依族苗族自治州龙里县龙架山国家森林公园）

11. 竹飞虱属待定种 *Bambusiphaga* sp.

分类地位：飞虱科 Delphacidae，竹飞虱属 *Bambusiphaga*。

寄主植物：竹类植物。

地理分布：中国（贵州）。

图 1-11　竹飞虱属待定种 *Bambusiphaga* sp.

A~B. 雄成虫栖息状；C. 生境及寄主植物

（2014 年 6 月 1 日，拍摄于贵州省黔南布依族苗族自治州三都水族自治县瑶人山）

12. 基褐异脉飞虱 *Specinervures basifusca* Chen & Li

分类地位： 飞虱科 Delphacidae，异脉飞虱属 *Specinervures*。

寄主植物： 竹类植物。

地理分布： 中国（贵州、四川、重庆、云南）。

图 1-12　基褐异脉飞虱 *Specinervures basifusca*

A~B. 雌成虫栖息状；C. 生境及寄主植物

（2021 年 8 月 29 日，拍摄于贵州省贵阳市花溪区花溪水库）

13. 黑脊异脉飞虱 *Specinervures nigrocarinata* Kuoh & Ding

分类地位：飞虱科 Delphacidae，异脉飞虱属 *Specinervures*。

寄主植物：竹类植物。

地理分布：中国（贵州、四川）。

图 1-13　黑脊异脉飞虱 *Specinervures nigrocarinata*

A~B. 雄成虫栖息状；C. 生境及寄主植物

（2015 年 10 月 2 日，拍摄于贵州省遵义市道真仡佬族苗族自治县三桥镇）

14. 断带异脉飞虱 *Specinervures interrupta* Ding & Hu

（图 1-14）

分类地位：飞虱科 Delphacidae，异脉飞虱属 *Specinervures*。

寄主植物：竹类植物。

地理分布：中国（台湾、云南、贵州）。

图 1-14　断带异脉飞虱 *Specinervures interrupta*

A~B. 雌成虫栖息状；C. 生境及寄主植物

（2015 年 9 月 15 日，拍摄于贵州省黔南布依族苗族自治州罗甸县红水河镇）

15. 褐额簇角飞虱 *Belocera fuscifrons* Chen

分类地位：飞虱科 Delphacidae，簇角飞虱属 *Belocera*。

寄主植物：慈竹。

地理分布：中国（贵州、甘肃、四川、安徽）。

图 1-15　褐额簇角飞虱 *Belocera fuscifrons*

A. 雄成虫栖息状；B. 雌雄成虫栖息状；C. 生境及寄主植物（慈竹）

（2022 年 10 月 15 日，拍摄于贵州省贵阳市贵安新区马场镇平寨村）

16. 拟褐额簇角飞虱 *Belocera parafuscifrons* Qin　　（图 1-16）

分类地位： 飞虱科 Delphacidae，簇角飞虱属 *Belocera*。

寄主植物： 竹类植物。

地理分布： 中国（贵州、云南、江西）。

图 1-16　拟褐额簇角飞虱 *Belocera parafuscifrons*

A~B. 雌成虫栖息状；C. 生境及寄主植物

（2018 年 9 月 5 日，拍摄于贵州省黔南布依族苗族自治州荔波县茂兰国家级自然保护区）

17. 中华簇角飞虱 *Belocera sinensis* Muir

分类地位：飞虱科 Delphacidae，簇角飞虱属 *Belocera*。

寄主植物：竹类植物。

地理分布：中国（湖南、广西、台湾、海南、澳门、广东、贵州、甘肃、陕西、山东、江苏、福建、重庆、湖北、安徽、江西）。

图 1-17　中华簇角飞虱 *Belocera sinensis*

A~B. 雌成虫栖息状；C. 生境及寄主植物

（2018 年 9 月 6 日，拍摄于贵州省黔南布依族苗族自治州荔波县茂兰国家级自然保护区）

18. 显脊短头飞虱 *Epeurysa distincta* Huang & Ding

（图 1-18）

分类地位： 飞虱科 Delphacidae，短头飞虱属 *Epeurysa*。

寄主植物： 竹类植物。

地理分布： 中国（云南、福建、广西、四川、台湾、广东、湖南、贵州、山西）。

图 1-18　显脊短头飞虱 *Epeurysa distincta*

A~B. 成虫栖息状；C. 生境及寄主植物

（2008 年 5 月 24 日，拍摄于贵州省贵阳市花溪区孟关苗族布依族乡）

19. 烟翅短头飞虱 *Epeurysa infumata* Huang & Ding

（图 1-19）

分类地位：飞虱科 Delphacidae，短头飞虱属 *Epeurysa*。

寄主植物：竹类植物。

地理分布：中国（陕西、贵州、浙江、云南、江西、内蒙古）。

图 1-19　烟翅短头飞虱 *Epeurysa infumata*

A~B. 成虫栖息状；C. 生境及寄主植物

（2016 年 9 月 29 日，拍摄于贵州省毕节市威宁彝族回族苗族自治县雪山镇灼甫草场）

20. 江津短头飞虱 *Epeurysa jiangjinensis* Chen & Jiang

分类地位： 飞虱科 Delphacidae，短头飞虱属 *Epeurysa*。

寄主植物： 毛环方竹。

地理分布： 中国（重庆、贵州、云南、西藏）。

图 1-20　江津短头飞虱 *Epeurysa jiangjinensis*

A~B. 雄成虫栖息状；C. 生境及寄主植物（毛环方竹）

（2016 年 9 月 23 日，拍摄于贵州省黔南布依族苗族自治州都匀市斗篷山景区）

21. 短头飞虱 *Epeurysa nawaii* Matsumura

（图 1-21）

分类地位： 飞虱科 Delphacidae，短头飞虱属 *Epeurysa*。

寄主植物： 精竹等竹类植物。

地理分布： 中国（河北、广西、四川、黑龙江、江苏、陕西、湖北、甘肃、海南、安徽、贵州、台湾、浙江、云南、河南、湖南、广东、重庆、江西、福建、内蒙古、山西），斯里兰卡，日本，俄罗斯。

图 1-21　短头飞虱 *Epeurysa nawaii*

A~B. 成虫栖息状；C. 生境及寄主植物

（2011 年 11 月 20 日，拍摄于贵州省贵阳市南明区森林公园）

22. 齿突短头飞虱 *Epeurysa subulata* Chen & Ding

分类地位： 飞虱科 Delphacidae，短头飞虱属 *Epeurysa*。

寄主植物： 竹类植物。

地理分布： 中国（贵州）。

图 1-22　齿突短头飞虱 *Epeurysa subulata*

A~B. 雄成虫栖息状；C. 生境及寄主植物

（2015 年 9 月 3 日，拍摄于贵州省黔西南布依族苗族自治州安龙县仙鹤坪自然保护区）

23. 窈窕马来飞虱 *Malaxa delicata* Ding & Yang

分类地位：飞虱科 Delphacidae，马来飞虱属 *Malaxa*。

寄主植物：竹类植物。

地理分布：中国（云南）。

图 1-23　窈窕马来飞虱 *Malaxa delicata*

A~B. 雄成虫栖息状；C. 生境及寄主植物

（2012 年 8 月 27 日，拍摄于贵州省贵阳市南明区森林公园）

24. 湖南马来飞虱 *Malaxa hunanensis* Chen

（图 1-24）

分类地位：飞虱科 Delphacidae，马来飞虱属 *Malaxa*。

寄主植物：竹类植物。

地理分布：中国（湖南、四川、甘肃、陕西、贵州、广西）。

图 1-24　湖南马来飞虱 *Malaxa hunanensis*

A. 雄成虫栖息状；B. 雌成虫栖息状；C. 生境及寄主植物

（2022 年 8 月 9 日，拍摄于贵州省黔东南苗族侗族自治州黄平县谷陇镇）

25. 半暗马来飞虱 *Malaxa semifusca* Yang & Yang

（图 1-25）

分类地位：飞虱科 Delphacidae，马来飞虱属 *Malaxa*。

寄主植物：竹类植物。

地理分布：中国（台湾、湖南、贵州、甘肃、四川、陕西）。

图 1-25 半暗马来飞虱 *Malaxa semifusca*

A~B. 雄成虫栖息状；C. 生境及寄主植物

（2004 年 8 月 19 日，拍摄于贵州省遵义市道真仡佬族苗族自治县大沙河国家级自然保护区）

26. 黄小头飞虱 *Malaxella flava* Ding & Hu （图 1-26）

分类地位：飞虱科 Delphacidae，小头飞虱属 *Malaxella*。

寄主植物：竹类植物。

地理分布：中国（台湾、海南、福建、广东、云南、四川、广西、江西、贵州、湖南、内蒙古、河北、辽宁、山东、安徽、河南、湖北）。

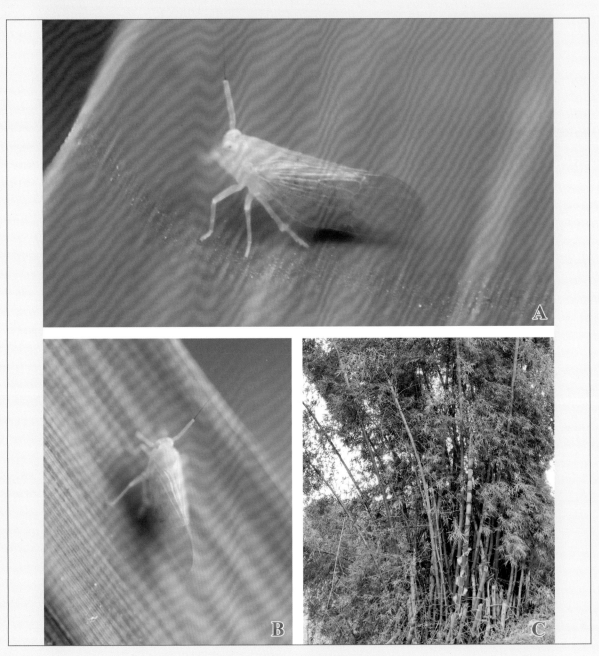

图 1-26　黄小头飞虱 *Malaxella flava*

A~B. 雌成虫栖息状；C. 生境及寄主植物

（2015 年 9 月 14 日，拍摄于贵州省黔南布依族苗族自治州罗甸县罗悃镇）

27. 四刺小头飞虱 *Malaxella tetracantha* Qin & Zhang

（图 1-27）

分类地位： 飞虱科 Delphacidae，小头飞虱属 *Malaxella*。

寄主植物： 竹类植物。

地理分布： 中国（福建、海南、贵州、广西、四川、内蒙古）。

图 1-27　四刺小头飞虱 *Malaxella tetracantha*

A~B. 雄成虫栖息状；C. 生境及寄主植物

（2018 年 9 月 6 日，拍摄于贵州省黔南布依族苗族自治州荔波县茂兰国家级自然保护区）

28. 锈色偏角飞虱 *Neobelocera russa* Li, Yang & Chen

（图 1-28）

分类地位： 飞虱科 Delphacidae，偏角飞虱属 *Neobelocera*。

寄主植物： 竹类植物。

地理分布： 中国（贵州）。

图 1-28　锈色偏角飞虱 *Neobelocera russa*

A~B. 雄成虫栖息状；C. 生境及寄主植物

（2022 年 10 月 22 日，拍摄于贵州省遵义市习水县东风湖国家湿地公园）

29. 侧刺偏角飞虱 *Neobelocera laterospina* Chen & Liang （图 1-29）

分类地位：飞虱科 Delphacidae，偏角飞虱属 *Neobelocera*。

寄主植物：竹类植物。

地理分布：中国（四川、湖南、贵州、重庆、广西、福建）。

图 1-29　侧刺偏角飞虱 *Neobelocera laterospina*

A~B. 雄成虫栖息状；C. 生境及寄主植物

（2022 年 8 月 9 日，拍摄于贵州省黔东南苗族侗族自治州黄平县谷陇镇）

30. 凹缘叶角飞虱 *Purohita circumcincta* Li, Yang & Chen　　（图 1-30）

分类地位： 飞虱科 Delphacidae，叶角飞虱属 *Purohita*。

寄主植物： 竹类植物。

地理分布： 中国（云南、贵州）。

图 1-30　凹缘叶角飞虱 *Purohita circumcincta*

A. 雌、雄成虫栖息状；B. 不同龄期的若虫栖息状；C. 生境及寄主植物

（2022 年 7 月 9 日，拍摄于贵州省黔南布依族苗族自治州罗甸县红水河镇）

31. 台湾叶角飞虱 *Purohita taiwanensis* Muir

分类地位： 飞虱科 Delphacidae，叶角飞虱属 *Purohita*。

寄主植物： 麻竹等竹类植物。

地理分布： 中国（贵州、云南、广西、福建、内蒙古、黑龙江、辽宁、河北、山东、湖南、安徽）。

图 1-31　台湾叶角飞虱 *Purohita taiwanensis*

A. 雄成虫栖息状；B. 雌雄成虫栖息状；C. 生境及寄主植物

（2015 年 9 月 15 日，拍摄于贵州省黔南布依族苗族自治州罗甸县红水河镇）

32. 纹翅叶角飞虱 *Purohita theognis* Fennah 　　　　　　　（图 1-32）

分类地位： 飞虱科 Delphacidae，叶角飞虱属 *Purohita*。

寄主植物： 麻竹等。

地理分布： 中国（贵州、云南、广西、福建、内蒙古、黑龙江、辽宁、河北、山东、湖南、安徽）。

图 1-32　纹翅叶角飞虱 *Purohita theognis*

A. 雌雄成虫栖息状；B. 雌雄成虫栖息状及产卵痕（白色絮状物覆盖处）；C. 雌成虫及产卵部位（白色絮状物覆盖处）

（2019 年 8 月 17 日，郑心怡拍摄于贵州省遵义市绥阳县芙蓉江）

33. 中突长跗飞虱 *Kakuna zhongtuana* Chen & Yang

分类地位： 飞虱科 Delphacidae，长跗飞虱属 *Kakuna*。

寄主植物： 平竹等竹类植物。

地理分布： 中国（贵州）。

图 1-33　中突长跗飞虱 *Kakuna zhongtuana*

A~C. 成虫栖息状

（2004 年 8 月 19 日，拍摄于贵州省遵义市道真仡佬族苗族自治县大沙河国家级自然保护区）

34. 无刺长跗飞虱 *Kakuna nonspina* Chen & Yang

分类地位：飞虱科 Delphacidae，长跗飞虱属 *Kakuna*。

寄主植物：竹类植物。

地理分布：中国（贵州）。

图 1-34　无刺长跗飞虱 *Kakuna nonspina*

A~B. 雄成虫栖息状；C. 生境及寄主植物

（2022 年 10 月 23 日，拍摄于贵州省遵义市习水县东风湖国家湿地公园）

35. 凹顶飞虱属待定种 *Aodingus* sp.

（图 1-35）

分类地位：飞虱科 Delphacidae，凹顶飞虱属 *Aodingus*。

寄主植物：甜龙竹。

地理分布：中国（贵州）。

图 1-35　凹顶飞虱属待定种 *Aodingus* sp.

A. 成虫栖息状；B. 成虫及若虫栖息状（白色斑点处为其产卵部位）；C. 生境及寄主植物（甜龙竹）

（2022 年 8 月 13 日，拍摄于贵州省黔南布依族苗族自治州罗甸县红水河镇）

二、袖蜡蝉科
Derbidae

36. 纤突蓖袖蜡蝉 *Pamendanga filaris* Wu & Liang

分类地位： 袖蜡蝉科 Derbidae，蓖袖蜡蝉属 *Pamendanga*。

寄主植物： 竹类植物。

地理分布： 中国（贵州、云南）。

图 2-1　纤突蓖袖蜡蝉 *Pamendanga filaris*

A~B. 成虫栖息状；C. 生境及寄主植物

（2004 年 8 月 19 日，拍摄于贵州省遵义市道真仡佬族苗族自治县大沙河国家级自然保护区）

37. 苏泊葩袖蜡蝉 *Pamendanga superba* Distant

分类地位： 袖蜡蝉科 Derbidae，葩袖蜡蝉属 *Pamendanga*。

寄主植物： 竹类植物。

地理分布： 中国（广西、贵州），印度。

图 2-2　苏泊葩袖蜡蝉 *Pamendanga superba*

A~B. 雄成虫栖息状；C. 生境及寄主植物

（2018 年 7 月 30 日，拍摄于贵州省黔南布依族苗族自治州龙里县龙架山国家森林公园）

38. 北京堪袖蜡蝉 *Kamendaka beijingensis* Wu, Liang & Jiang （图 2-3）

分类地位： 袖蜡蝉科 Derbidae，堪袖蜡蝉属 *Kamendaka*。

寄主植物： 竹类植物。

地理分布： 中国（北京、云南、贵州）。

图 2-3 北京堪袖蜡蝉 *Kamendaka beijingensis*

A~B. 成虫栖息状；C. 生境及寄主植物

（2015 年 9 月 14 日，拍摄于贵州省黔南布依族苗族自治州罗甸县罗悃镇）

39. 三突寡室袖蜡蝉 *Vekunta triprotrusa* Wu & Liang （图 2-4）

分类地位：袖蜡蝉科 Derbidae，寡室袖蜡蝉属 *Vekunta*。

寄主植物：竹类植物。

地理分布：中国（贵州、云南）。

图 2-4　三突寡室袖蜡蝉 *Vekunta triprotrusa*

A~B. 雄成虫栖息状；C. 生境及寄主植物

（2021 年 8 月 29 日，拍摄于贵州省贵阳市花溪区花溪水库）

40. 翅痣寡室袖蜡蝉 *Vekunta stigmata* Matsumura

分类地位： 袖蜡蝉科 Derbidae，寡室袖蜡蝉属 *Vekunta*。

寄主植物： 竹类植物。

地理分布： 中国（台湾、贵州、湖南、云南）。

图 2-5　翅痣寡室袖蜡蝉 *Vekunta stigmata*

A~B. 成虫栖息状；C. 生境及寄主植物

（2022 年 8 月 9 日，拍摄于贵州省黔东南苗族侗族自治州黄平县谷陇镇）

41. 竹寡室袖蜡蝉 *Vekunta bambusana* Sui & Chen

分类地位：袖蜡蝉科 Derbidae，寡室袖蜡蝉属 *Vekunta*。

寄主植物：慈竹。

地理分布：中国（贵州）。

图 2-6　竹寡室袖蜡蝉 *Vekunta bambusana*

A~B. 成虫栖息状；C. 生境及寄主植物（慈竹）

（2015 年 8 月 31 日，拍摄于贵州省贵阳市乌当区渔洞峡）

42. 黑线寡室袖蜡蝉 *Vekunta fuscolineata* Rahman, Kwon & Suh
（图 2-7）

分类地位：袖蜡蝉科 Derbidae，寡室袖蜡蝉属 *Vekunta*。

寄主植物：竹类植物。

地理分布：中国（贵州）。

图 2-7　黑线寡室袖蜡蝉 *Vekunta fuscolineata*

A~B. 成虫栖息状；C. 生境及寄主植物

（2022 年 8 月 8 日，拍摄于贵州省黔东南苗族侗族自治州黄平县横坡森林公园）

43. 寡室袖蜡蝉属待定种 1 *Vekunta* sp. 1 　　　　　　　　　　（图 2-8）

分类地位： 袖蜡蝉科 Derbidae，寡室袖蜡蝉属 *Vekunta*。

寄主植物： 竹类植物。

地理分布： 中国（贵州）。

图 2-8　寡室袖蜡蝉属待定种 1 *Vekunta* sp. 1

A~B. 成虫栖息状；C. 生境及寄主植物

（2015 年 8 月 31 日，拍摄于贵州省贵阳市乌当区渔洞峡）

44. 寡室袖蜡蝉属待定种 2 *Vekunta* sp. 2

分类地位：袖蜡蝉科 Derbidae，寡室袖蜡蝉属 *Vekunta*。

寄主植物：竹类植物。

地理分布：中国（贵州）。

图 2-9　寡室袖蜡蝉属待定种 2 *Vekunta* sp. 2

A~B. 成虫栖息状；C. 生境及寄主植物

（2015 年 9 月 14 日，拍摄于贵州省黔南布依族苗族自治州罗甸县罗悃镇）

45. 饰袖蜡蝉属待定种 1 *Shizuka* sp. 1 （图 2-10）

分类地位： 袖蜡蝉科 Derbidae，饰袖蜡蝉属 *Shizuka*。

寄主植物： 竹类植物。

地理分布： 中国（贵州、云南）。

图 2-10　饰袖蜡蝉属待定种 1 *Shizuka* sp. 1

A~B. 成虫栖息状；C. 生境及寄主植物

（2015 年 9 月 15 日，拍摄于贵州省黔南布依族苗族自治州罗甸县红水河镇）

46. 饰袖蜡蝉属待定种 2 *Shizuka* sp. 2

（图 2-11）

分类地位：袖蜡蝉科 Derbidae，饰袖蜡蝉属 *Shizuka*。

寄主植物：竹类植物。

地理分布：中国（贵州）。

图 2-11　饰袖蜡蝉属待定种 2 *Shizuka* sp. 2

A~B. 成虫栖息状；C. 生境及寄主植物

（2015 年 9 月 15 日，拍摄于贵州省黔南布依族苗族自治州罗甸县红水河镇）

47. 札幌幂袖蜡蝉 *Mysidioides sapporoensis* (Matsumura)

分类地位： 袖蜡蝉科 Derbidae，幂袖蜡蝉属 *Mysidioides*。

寄主植物： 竹类植物。

地理分布： 中国（贵州、黑龙江、陕西、湖北、台湾），朝鲜，日本。

图 2-12　札幌幂袖蜡蝉 *Mysidioides sapporoensis*

A~B. 成虫栖息状；C. 生境及寄主植物

（2016 年 9 月 24 日，拍摄于贵州省黔南布依族苗族自治州都匀市斗篷山景区）

48. 褐带广袖蜡蝉 *Rhotana satsumana* Matsumura （图 2-13）

分类地位：袖蜡蝉科 Derbidae，广袖蜡蝉属 *Rhotana*。

寄主植物：甜龙竹。

地理分布：中国（贵州）。

图 2-13　褐带广袖蜡蝉 *Rhotana satsumana*

A~B. 成虫栖息状；C. 生境及寄主植物

（2022 年 7 月 10 日，拍摄于贵州省黔西南布依族苗族自治州望谟县麻山镇）

49. 艾多哈袖蜡蝉 *Hauptenia idonea* (Yang & Wu)

分类地位： 袖蜡蝉科 Derbidae，哈袖蜡蝉属 *Hauptenia*。

寄主植物： 竹类植物。

地理分布： 中国（贵州）。

图 2-14　艾多哈袖蜡蝉 *Hauptenia idonea*

A~B. 成虫栖息状；C. 生境及寄主植物

（2022 年 8 月 8 日，拍摄于贵州省黔东南苗族侗族自治州黄平县横坡森林公园）

50. 格卢哈袖蜡蝉 *Hauptentia glutinosa* (Yang & Wu)　　（图 2-15）

分类地位：袖蜡蝉科 Derbidae，哈袖蜡蝉属 *Hauptenia*。

寄主植物：竹类植物。

地理分布：中国（贵州）。

图 2-15　格卢哈袖蜡蝉 *Hauptentia glutinosa*

A~B. 成虫栖息状；C. 生境及寄主植物

（2022 年 8 月 9 日，拍摄于贵州省黔东南苗族侗族自治州黄平县谷陇镇）

51. 萨袖蜡蝉属待定种 *Saccharodite* sp. （图 2-16）

分类地位：袖蜡蝉科 Derbidae，萨袖蜡蝉属 *Saccharodite*。

寄主植物：竹类植物。

地理分布：中国（贵州）。

图 2-16　萨袖蜡蝉属待定种 *Saccharodite* sp.

A~B. 成虫栖息状；C. 生境及寄主植物

（2022 年 8 月 13 日，拍摄于贵州省黔南布依族苗族自治州罗甸县龙坪镇）

三、卡蜡蝉科
Caliscelidae

52. 长头空卡蜡蝉 *Cylindratus longicephalus* Meng, Qin & Wang　（图 3-1）

分类地位： 卡蜡蝉科 Caliscelidae，空卡蜡蝉属 *Cylindratus*。

寄主植物： 狭叶方竹。

地理分布： 中国（贵州）。

图 3-1　长头空卡蜡蝉 *Cylindratus longicephalus*

A. 雄成虫栖息状；B. 雌成虫栖息状；C. 生境及寄主植物（狭叶方竹）

（2014 年 9 月 7 日，拍摄于贵州省黔东南苗族侗族自治州雷山县雷公山国家级自然保护区）

53. 短线斯蜡蝉 *Symplana brevistrata* Chou, Yuan & Wang（图 3-2）

分类地位：卡蜡蝉科 Caliscelidae，斯蜡蝉属 *Symplana*。

寄主植物：慈竹。

地理分布：中国（贵州、广西、广东）。

图 3-2　短线斯蜡蝉 *Symplana brevistrata*

A~B. 雄成虫栖息状；C. 生境及寄主植物（慈竹）

（2018 年 9 月 5 日，拍摄于贵州省黔南布依族苗族自治州荔波县茂兰国家级自然保护区）

54. 梵净竹卡蜡蝉 *Bambusicaliscelis fanjingensis* Chen & Zhang
（图 3-3）

分类地位：卡蜡蝉科 Caliscelidae，竹卡蜡蝉属 *Bambusicaliscelis*。

寄主植物：龙头竹等竹类植物。

地理分布：中国（贵州）。

图 3-3　梵净竹卡蜡蝉 *Bambusicaliscelis fanjingensis*

A. 雌成虫栖息状；B. 雄成虫栖息状；C. 生境及寄主植物

（2016 年 9 月 29 日，拍摄于贵州省毕节市威宁彝族回族苗族自治县雪山镇灼甫草场）

55. 竹卡蜡蝉属待定种 *Bambusicaliscelis* sp.

分类地位： 卡蜡蝉科 Caliscelidae，竹卡蜡蝉属 *Bambusicaliscelis*。

寄主植物： 狭叶方竹。

地理分布： 中国（江西）。

图 3-4　竹卡蜡蝉属待定种 *Bambusicaliscelis* sp.

A~B. 雄成虫栖息状；C. 生境及寄主植物（狭叶方竹）

（2022 年 10 月 22 日，拍摄于贵州省遵义市习水县东风湖国家湿地公园）

56. 红额疣突蜡蝉 *Youtuus erythrus* Gong, Yang & Chen （图 3-5）

分类地位：卡蜡蝉科 Caliscelidae，疣突蜡蝉属 *Youtuus*。
寄主植物：狭叶方竹。
地理分布：中国（贵州）。

图 3-5　红额疣突蜡蝉 *Youtuus erythrus*

A~B. 雄成虫栖息状；C. 生境及寄主植物（狭叶方竹）

（2022 年 10 月 22 日，拍摄于贵州省遵义市习水县东风湖国家湿地公园）

57. 双齿同线菱蜡蝉 Neocarpia bidentata Zhang & Chen （图 4-1）

分类地位： 菱蜡蝉科 Cixiidae，同线菱蜡蝉属 Neocarpia。

寄主植物： 竹类植物。

地理分布： 中国（贵州）。

图 4-1 双齿同线菱蜡蝉 Neocarpia bidentata

A~B. 雌成虫栖息状；C. 生境及寄主植物

（2015 年 9 月 14 日，拍摄于贵州省黔南布依族苗族自治州罗甸县罗悃镇）

58. 暗翅安菱蜡蝉 *Andes notatus* Tsaur & Hsu

（图 4-2）

分类地位：菱蜡蝉科 Cixiidae，安菱蜡蝉属 *Andes*。

寄主植物：竹类植物。

地理分布：中国（贵州）。

图 4-2 暗翅安菱蜡蝉 *Andes notatus*

A~B. 成虫栖息状；C. 生境及寄主植物

（2015 年 9 月 3 日，拍摄于贵州省黔西南布依族苗族自治州安龙县仙鹤坪自然保护区）

59. 谷关菱蜡蝉 *Cixius kukuanus* Tsaur & Hsu

分类地位： 菱蜡蝉科 Cixiidae，菱蜡蝉属 *Cixius*。

寄主植物： 竹类植物。

地理分布： 中国（贵州、湖北、台湾）。

图 4-3　谷关菱蜡蝉 *Cixius kukuanus*

A~B. 成虫栖息状；C. 生境及寄主植物

（2021 年 7 月 31 日，拍摄于贵州省遵义市绥阳县宽阔水国家级自然保护区）

五、瓢蜡蝉科
Issidae

60. 棒突新球瓢蜡蝉 *Neohemisphaerius clavatus* Yang & Chen

（图 5-1）

分类地位： 瓢蜡蝉科 Issidae，新球瓢蜡蝉属 *Neohemisphaerius*。

寄主植物： 毛环方竹。

地理分布： 中国（贵州）。

图 5-1 棒突新球瓢蜡蝉 *Neohemisphaerius clavatus*

A~B. 成虫栖息状；C. 生境及寄主植物（毛环方竹）

（2016 年 9 月 23 日，拍摄于贵州省黔南布依族苗族自治州都匀市斗篷山景区）

61. 优脊瓢蜡蝉属待定种 *Eusarima* sp.　　（图 5-2）

分类地位：瓢蜡蝉科 Issidae，优脊瓢蜡蝉属 *Eusarima*。

寄主植物：毛环方竹。

地理分布：中国（贵州）。

图 5-2　优脊瓢蜡蝉属待定种 *Eusarima* sp.

A~B. 雌成虫栖息状；C. 生境及寄主植物（毛环方竹）

（2016 年 9 月 23 日，拍摄于贵州省黔南布依族苗族自治州都匀市斗篷山景区）

62. 透明疏广翅蜡蝉 *Euricania clara* Kato

（图 6-1）

分类地位：广翅蜡蝉科 Ricaniidae，疏广翅蜡蝉属 *Euricania*。

寄主植物：竹类植物。

地理分布：中国（云南）。

图 6-1　透明疏广翅蜡蝉 *Euricania clara*

A~B. 雌成虫栖息状；C. 生境及寄主植物

（2006 年 8 月 11 日，拍摄于贵州省贵阳市南明区森林公园）

63. 圆纹宽广翅蜡蝉 *Pochazia guttifera* Walker

分类地位： 广翅蜡蝉科 Ricaniidae，宽广翅蜡蝉属 *Pochazia*。

寄主植物： 竹类植物。

地理分布： 中国（贵州）。

图 6-2　圆纹宽广翅蜡蝉 *Pochazia guttifera*

A~B. 雌成虫栖息状；C. 生境及寄主植物

（2011 年 11 月 20 日，拍摄于贵州省贵阳市南明区森林公园）

64. 宽广翅蜡蝉属待定种 *Pochazia* sp.

分类地位：广翅蜡蝉科 Ricaniidae，宽广翅蜡蝉属 *Pochazia*。

寄主植物：竹类植物。

地理分布：中国（贵州）。

图 6-3　宽广翅蜡蝉属待定种 *Pochazia* sp.

A~B. 雌成虫栖息状；C. 生境及寄主植物

（2021 年 7 月 31 日，拍摄于贵州省遵义市绥阳县宽阔水国家级自然保护区）

65. 加罗林脉蜡蝉 *Nisia caroliensis* Fennah

（图 7-1）

分类地位： 粒脉蜡蝉科 Meenoplidae，脉蜡蝉属 *Nisia*。

寄主植物： 竹类植物等。

地理分布： 中国（台湾、广西、贵州、海南、陕西、湖南、西藏）。

图 7-1　加罗林脉蜡蝉 *Nisia caroliensis*

A~B. 成虫栖息状；C. 生境及寄主植物（慈竹）

（2006 年 8 月 11 日，拍摄于贵州省贵阳市南明区森林公园）

66. 美脉蜡蝉属待定种 *Metanigrus* sp.　　　　　　　　　　（图 7-2）

分类地位： 粒脉蜡蝉科 Meenoplidae，美脉蜡蝉属 *Metanigrus*。

寄主植物： 慈竹。

地理分布： 中国（贵州）。

图 7-2　美脉蜡蝉属待定种 *Metanigrus* sp.

A~B. 成虫栖息状；C. 生境及寄主植物（慈竹）

（2015 年 10 月 3 日，拍摄于贵州省遵义市道真仡佬族苗族自治县三桥镇）

67. 竹鳈扁蜡蝉 *Tambinia bambusana* Chang & Chen

（图 8-1）

分类地位： 扁蜡蝉科 Tropiduchidae，鳈扁蜡蝉属 *Tambinia*。

寄主植物： 麻竹、甜龙竹。

地理分布： 中国（贵州、广西）。

图 8-1　竹鳈扁蜡蝉 *Tambinia bambusana*

A~B. 成虫栖息状；C. 生境及寄主植物（麻竹）

（2022 年 7 月 10 日，拍摄于贵州省黔西南布依族苗族自治州望谟县平洞街道办者康珍稀植物移植园）

68. 傲扁蜡蝉属待定种 *Ommatissus* sp.

分类地位： 扁蜡蝉科 Tropiduchidae，傲扁蜡蝉属 *Ommatissus*。

寄主植物： 狭叶方竹。

地理分布： 中国（贵州）。

图 8-2　傲扁蜡蝉属待定种 *Ommatissus* sp.

A~B. 成虫栖息状；C. 生境及寄主植物（狭叶方竹）

（2022 年 10 月 23 日，拍摄于贵州省遵义市习水县东风湖国家湿地公园）

69. 烟翅安可颖蜡蝉 *Akotropis fumata* Matsumura

（图 9-1）

分类地位： 颖蜡蝉科 Achilidae，安可颖蜡蝉属 *Akotropis*。

寄主植物： 竹类植物。

地理分布： 中国（陕西、河南、山东、山西、福建、台湾、海南、广西、贵州、云南）。

图 9-1　烟翅安可颖蜡蝉 *Akotropis fumata*

A~B. 成虫栖息状；C. 生境及寄主植物

（2015 年 9 月 15 日，拍摄于贵州省黔南布依族苗族自治州罗甸县红水河镇）

十、叶蝉科
Cicadellidae

分类地位：叶蝉科 Cicadellidae，凹大叶蝉属 *Bothrogonia*。

寄主植物：撑绿竹等竹类植物。

地理分布：中国（贵州、海南、广西、云南）。

图 10-1　短凹大叶蝉 *Bothrogonia exigua*

A~B. 成虫栖息状；C. 生境及寄主植物（撑绿竹）

（2005 年 10 月 22 日，刘曼拍摄于贵州省遵义市赤水市丙安乡）

71. 尖凹大叶蝉 *Bothrogonia acuminata* Yang & Li

（图 10-2）

分类地位： 叶蝉科 Cicadellidae，凹大叶蝉属 *Bothrogonia*。

寄主植物： 竹类植物。

地理分布： 中国（贵州、河北、江苏、江西、福建、广东、广西、云南），老挝。

图 10-2　尖凹大叶蝉 *Bothrogonia acuminata*

A~B. 成虫栖息状；C. 生境及寄主植物

（2014 年 10 月 2 日，拍摄于贵州省毕节市大方县百里杜鹃风景名胜区）

72. 柱凹大叶蝉 *Bothrogonia tianzhuensis* Li　（图 10-3）

分类地位： 叶蝉科 Cicadellidae，凹大叶蝉属 *Bothrogonia*。

寄主植物： 竹类植物。

地理分布： 中国（贵州、广东、广西）。

图 10-3　柱凹大叶蝉 *Bothrogonia tianzhuensis*

A~B. 成虫栖息状；C. 生境及寄主植物

（2015 年 10 月 2 日，拍摄于贵州省遵义市道真仡佬族苗族自治县大沙河国家级自然保护区）

73. 顶斑边大叶蝉 *Kolla paulula* (Walker)

分类地位：叶蝉科 Cicadellidae，边大叶蝉属 *Kolla*。

寄主植物：慈竹。

地理分布：中国（广泛分布），亚洲其他国家和地区。

图 10-4　顶斑边大叶蝉 *Kolla paulula*

A~B. 成虫栖息状；C. 生境及寄主植物（慈竹）

（2012 年 10 月 15 日，拍摄于贵州省贵阳市花溪区花溪公园）

74. 黑条边大叶蝉 *Kolla nigrifascia* Yang & Li

分类地位：叶蝉科 Cicadellidae，边大叶蝉属 *Kolla*。

寄主植物：竹类植物等。

地理分布：中国（贵州、陕西、湖北、广西、重庆、四川、云南）。

图 10-5　黑条边大叶蝉 *Kolla nigrifascia*

A~B. 成虫栖息状；C. 生境及寄主植物

（2012 年 10 月 17 日，拍摄于贵州省贵阳市白云区长坡岭国家森林公园）

75. 大青叶蝉 *Cicadella viridis* (Linnaeus)

分类地位：叶蝉科 Cicadellidae，大叶蝉属 *Cicadella*。

寄主植物：竹类植物等。

地理分布：中国（广泛分布），亚洲其他国家和地区。

图 10-6　大青叶蝉 *Cicadella viridis*

A~B. 成虫栖息状；C. 生境及寄主植物

（2012 年 10 月 17 日，拍摄于贵州省贵阳市白云区长坡岭国家森林公园）

76. 红纹平大叶蝉 *Anagonalia melichari* (Distant)

（图 10-7）

分类地位： 叶蝉科 Cicadellidae，平大叶蝉属 *Anagonalia*。

寄主植物： 竹类植物、水稻及其他禾本科植物。

地理分布： 中国（贵州、福建、广东、海南、广西、四川、云南），亚洲其他国家和地区。

图 10-7 红纹平大叶蝉 *Anagonalia melichari*

A~B. 成虫栖息状；C. 生境及寄主植物

（2022 年 7 月 9 日，拍摄于贵州省黔南布依族苗族自治州罗甸县罗悃镇）

77. 周氏凸唇叶蝉 *Erragonalia choui* Li 　　　　　　　　　（图 10-8）

分类地位： 叶蝉科 Cicadellidae，凸唇叶蝉属 *Erragonalia*。

寄主植物： 毛环方竹等竹类植物。

地理分布： 中国（广泛分布）。

图 10-8　周氏凸唇叶蝉 *Erragonalia choui*

A~B. 成虫栖息状；C. 生境及寄主植物（毛环方竹）

（2016 年 9 月 24 日，拍摄于贵州省黔南布依族苗族自治州都匀市斗篷山景区）

78. 黄翅条大叶蝉 *Atkinsoniella flavipenna* Li & Wang　（图10-9）

分类地位： 叶蝉科 Cicadellidae，条大叶蝉属 *Atkinsoniella*。

寄主植物： 竹类植物、茶及杂灌木等。

地理分布： 中国（贵州、湖北、湖南、福建、广东、广西、四川）。

图 10-9　黄翅条大叶蝉 *Atkinsoniella flavipenna*

A~B. 成虫栖息状；C. 生境及寄主植物

（2021 年 7 月 31 日，拍摄于贵州省遵义市绥阳县宽阔水国家级自然保护区）

79. 黄氏条大叶蝉 *Atkinsoniella huangi* Yang & Zhang

（图 10-10）

分类地位：叶蝉科 Cicadellidae，条大叶蝉属 *Atkinsoniella*。

寄主植物：竹类植物等。

地理分布：中国（贵州、广西、云南）。

图 10-10 黄氏条大叶蝉 *Atkinsoniella huangi*

A~B. 成虫栖息状；C. 生境及寄主植物

（2021 年 7 月 31 日，拍摄于贵州省遵义市绥阳县宽阔水国家级自然保护区）

80. 磺条大叶蝉 *Atkinsoniella sulphurata* (Distant)

（图 10-11）

分类地位：叶蝉科 Cicadellidae，条大叶蝉属 *Atkinsoniella*。

寄主植物：狭叶方竹、核桃等。

地理分布：中国（贵州、湖北、湖南、浙江、福建、广西、重庆、四川、云南），亚洲南部。

图 10-11　磺条大叶蝉 *Atkinsoniella sulphurata*

A~B. 成虫栖息状；C. 生境及寄主植物

（2022 年 10 月 22 日，拍摄于贵州省遵义市习水县东风湖国家湿地公园）

81. 角突长冠叶蝉 *Stenatkina angustata* (Young)

分类地位： 叶蝉科 Cicadellidae，条大叶蝉属 *Atkinsoniella*。

寄主植物： 甜龙竹等竹类植物。

地理分布： 中国（贵州、广东、海南），越南。

图 10-12　角突长冠叶蝉 *Stenatkina angustata*

A~B. 成虫栖息状；C. 生境及寄主植物（甜龙竹）

（2022 年 7 月 10 日，拍摄于贵州省黔西南布依族苗族自治州望谟县麻山镇）

82. 横带凹茎叶蝉 *Hiatusorus fascianus* (Li)

分类地位：叶蝉科 Cicadellidae，凹茎叶蝉属 *Hiatusorus*。

寄主植物：慈竹等竹类植物。

地理分布：中国（贵州、云南）。

图 10-13　横带凹茎叶蝉 *Hiatusorus fascianus*

A~B. 成虫栖息状；C. 生境及寄主植物（慈竹）

（2006 年 8 月 16 日，拍摄于贵州省贵阳市花溪区花溪公园）

83. 端刺丽叶蝉 *Calodia apicalis* Li

分类地位：叶蝉科 Cicadellidae，丽叶蝉属 *Calodia*。

寄主植物：狭叶方竹。

地理分布：中国（贵州）。

图 10-14　端刺丽叶蝉 *Calodia apicalis*

A~B. 成虫栖息状；C. 生境及寄主植物（狭叶方竹）

（2022 年 10 月 23 日，拍摄于贵州省遵义市习水县东风湖国家湿地公园）

84. 二刺片叶蝉 *Thagria bispina* Zhang

分类地位：叶蝉科 Cicadellidae，片叶蝉属 *Thagria*。

寄主植物：狭叶方竹。

地理分布：中国（贵州、广西）。

图 10-15　二刺片叶蝉 *Thagria bispina*

A~B. 成虫栖息状；C. 生境及寄主植物（狭叶方竹）

（2022 年 10 月 23 日，拍摄于贵州省遵义市习水县东风湖国家湿地公园）

85. 花斑片叶蝉 *Thagria sticta* Zhang

分类地位：叶蝉科 Cicadellidae，片叶蝉属 *Thagria*。

寄主植物：狭叶方竹。

地理分布：中国（贵州、福建、广东）。

图 10-16　花斑片叶蝉 *Thagria sticta*

A~B. 成虫栖息状；C. 生境及寄主植物（狭叶方竹）

（2022 年 10 月 23 日，拍摄于贵州省遵义市习水县东风湖国家湿地公园）

86. 中华消室叶蝉 *Chudania sinica* Zhang & Yang 　　（图 10-17）

分类地位：叶蝉科 Cicadellidae，消室叶蝉属 *Chudania*。

寄主植物：竹类植物、广玉兰、油桐等。

地理分布：中国（广泛分布）。

图 10-17　中华消室叶蝉 *Chudania sinica*

A~B. 成虫栖息状；C. 生境及寄主植物

（2015 年 9 月 3 日，拍摄于贵州省黔西南布依族苗族自治州安龙县仙鹤坪自然保护区）

87. 双线拟隐脉叶蝉 *Sophonia bilineara* Li & Chen

分类地位： 叶蝉科 Cicadellidae，拟隐脉叶蝉属 *Sophonia*。

寄主植物： 竹类植物等。

地理分布： 中国（贵州、广东、海南、广西、云南）。

图 10-18　双线拟隐脉叶蝉 *Sophonia bilineara*

A~B. 成虫栖息状；C. 生境及寄主植物

（2015 年 9 月 15 日，拍摄于贵州省黔南布依族苗族自治州罗甸县罗悃镇）

88. 横纹拟隐脉叶蝉 *Sophonia transvittata* Li & Chen （图 10-19）

分类地位：叶蝉科 Cicadellidae，拟隐脉叶蝉属 *Sophonia*。

寄主植物：狭叶方竹。

地理分布：中国（贵州、云南）。

图 10-19　横纹拟隐脉叶蝉 *Sophonia transvittata*

A~B. 成虫栖息状；C. 生境及寄主植物（狭叶方竹）

（2022 年 10 月 23 日，拍摄于贵州省遵义市习水县东风湖国家湿地公园）

89. 小板叶蝉属待定种 *Oniella* sp.

分类地位：叶蝉科 Cicadellidae，小板叶蝉属 *Oniella*。

寄主植物：竹类植物。

地理分布：中国（贵州）。

图 10-20　小板叶蝉属待定种 *Oniella* sp.

A~B. 成虫栖息状；C. 生境及寄主植物

（2017 年 8 月 5 日，拍摄于贵州省毕节市威宁彝族回族苗族自治县雪山镇灼甫草场）

90. 绿春角突叶蝉 *Taperus luchunensis* Zhang, Zhang & Wei 　（图 10-21）

分类地位：叶蝉科 Cicadellidae，角突叶蝉属 *Taperus*。

寄主植物：竹类植物。

地理分布：中国（贵州、湖北、湖南、福建、广西、四川、云南）。

图 10-21　绿春角突叶蝉 *Taperus luchunensis*

A~B. 成虫栖息状；C. 生境及寄主植物

（2015 年 9 月 15 日，拍摄于贵州省黔南布依族苗族自治州罗甸县红水河镇）

91. 副锥头叶蝉属待定种 *Paraonukia* sp.

分类地位： 叶蝉科 Cicadellidae，副锥头叶蝉属 *Paraonukia*。

寄主植物： 毛环方竹。

地理分布： 中国（贵州）。

图 10-22　副锥头叶蝉属待定种 *Paraonukia* sp.

A~B. 成虫栖息状；C. 生境及寄主植物（毛环方竹）

（2016 年 9 月 23 日，拍摄于贵州省黔南布依族苗族自治州都匀市斗篷山景区）

92. 白边脊额叶蝉 *Carinata kelloggii* (Baker)

（图 10-23）

分类地位：叶蝉科 Cicadellidae，脊额叶蝉属 *Carinata*。

寄主植物：竹类植物。

地理分布：中国（贵州、湖北、湖南、江西、福建、海南、广西、重庆）。

图 10-23　白边脊额叶蝉 *Carinata kelloggii*

A~B. 成虫栖息状；C. 生境及寄主植物

（2021 年 7 月 31 日，拍摄于贵州省遵义市绥阳县宽阔水国家级自然保护区）

93. 扩茎窄头叶蝉 *Batracomorphus extentus* Cai & He

（图 10-24）

分类地位：叶蝉科 Cicadellidae，窄头叶蝉属 *Batracomorphus*。

寄主植物：竹类植物。

地理分布：中国（贵州、浙江、云南）。

图 10-24　扩茎窄头叶蝉 *Batracomorphus extentus*

A~B. 成虫栖息状；C. 生境及寄主植物

（2014 年 10 月 3 日，拍摄于贵州省毕节市大方县百纳彝族乡）

94. 红边网脉叶蝉 *Krisna rufimarginata* Cai & He

分类地位： 叶蝉科 Cicadellidae，网脉叶蝉属 *Krisna*。

寄主植物： 竹类植物。

地理分布： 中国（广泛分布），缅甸。

图 10-25 红边网脉叶蝉 *Krisna rufimarginata*

A~B. 成虫栖息状；C. 生境及寄主植物

（2015 年 9 月 3 日，拍摄于贵州省黔西南布依族苗族自治州安龙县仙鹤坪自然保护区）

95. 凹痕网脉叶蝉 *Krisna concava* Li & Wang

分类地位： 叶蝉科 Cicadellidae，网脉叶蝉属 *Krisna*。

寄主植物： 竹类植物。

地理分布： 中国（贵州、四川、重庆、湖北、湖南、河南、海南）。

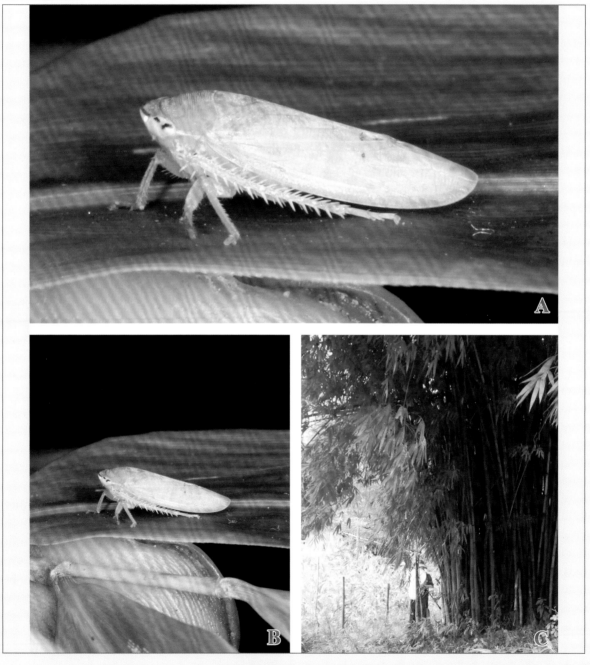

图 10-26　凹痕网脉叶蝉 *Krisna concava*

A~B. 成虫栖息状；C. 生境及寄主植物

（2022 年 8 月 8 日，拍摄于贵州省黔东南苗族侗族自治州黄平县横坡森林公园）

96. 点翅叶蝉 *Gessius verticalis* Distant

分类地位：叶蝉科 Cicadellidae，点翅叶蝉属 *Gessius*。

寄主植物：毛环方竹。

地理分布：中国（贵州、江西、台湾、云南），缅甸，尼泊尔，印度，孟加拉国。

图 10-27　点翅叶蝉 *Gessius verticalis*

A~B. 成虫栖息状；C. 生境及寄主植物（毛环方竹）

（2016 年 9 月 24 日，拍摄于贵州省黔南布依族苗族自治州都匀市斗篷山景区）

97. 暗褐角胸叶蝉 *Tituria fusca* Cai & Li

分类地位： 叶蝉科 Cicadellidae，角胸叶蝉属 *Tituria*。

寄主植物： 竹类植物。

地理分布： 中国（贵州）。

图 10-28　暗褐角胸叶蝉 *Tituria fusca*

A～B. 成虫栖息状；C. 生境及寄主植物

（2015 年 9 月 3 日，拍摄于贵州省黔西南布依族苗族自治州安龙县仙鹤坪自然保护区）

98. 癞叶蝉属待定种 *Moonia* sp.　　　　　　　　　　　　　　　（图 10-29）

分类地位：叶蝉科 Cicadellidae，癞叶蝉属 *Moonia*。

寄主植物：甜龙竹等竹类植物。

地理分布：中国（贵州）。

图 10-29　癞叶蝉属待定种 *Moonia* sp.

A~B. 成虫栖息状；C. 生境及寄主植物（甜龙竹）

（2022 年 7 月 10 日，拍摄于贵州省黔西南布依族苗族自治州望谟县麻山镇）

99. 大贯叶蝉属待定种 *Onukigallia* sp.

分类地位： 叶蝉科 Cicadellidae，大贯叶蝉属 *Onukigallia*。

寄主植物： 狭叶方竹。

地理分布： 中国（贵州）。

图 10-30 大贯叶蝉属待定种 *Onukigallia* sp.

A~B. 成虫栖息状；C. 生境及寄主植物（狭叶方竹）

（2022 年 10 月 23 日，拍摄于贵州省遵义市习水县东风湖国家湿地公园）

100. 缅甸安小叶蝉 *Anaka burmensis* Dworakowska

（图 10-31）

分类地位：叶蝉科 Cicadellidae，安小叶蝉属 *Anaka*。

寄主植物：慈竹、撑绿竹、糯竹等竹类植物。

地理分布：中国（贵州、四川、福建、广东、重庆、云南），缅甸，印度。

图 10-31　缅甸安小叶蝉 *Anaka burmensis*

A~B. 成虫栖息状；C. 生境及寄主植物（慈竹）

（2022 年 8 月 4 日，拍摄于贵州省贵阳市贵安新区马场镇平寨村）

101. 竹白小叶蝉 *Sweta bambusana* Yang & Chen

（图 10-32）

分类地位：叶蝉科 Cicadellidae，白小叶蝉属 *Sweta*。

寄主植物：慈竹。

地理分布：中国（贵州、广西、广东）。

图 10-32　竹白小叶蝉 *Sweta bambusana*

A~B. 成虫栖息状；C. 生境及寄主植物（慈竹）

（2022 年 8 月 14 日，拍摄于贵州省黔南布依族苗族自治州惠水县羡塘乡）

102. 长突双干小叶蝉 *Trifida elongata* Huang, Kang & Zhang

分类地位：叶蝉科 Cicadellidae，双干小叶蝉属 *Trifida*。

寄主植物：慈竹等竹类植物。

地理分布：中国（广泛分布）。

图 10-33　长突双干小叶蝉 *Trifida elongata*

A~B. 成虫栖息状；C. 生境及寄主植物（慈竹）

（2022 年 8 月 4 日，拍摄于贵州省贵阳市贵安新区马场镇平寨村）

103. 茱萸阿小叶蝉 *Arboridia surstyli* Cai & Xu

分类地位： 叶蝉科 Cicadellidae，阿小叶蝉属 *Arboridia*。

寄主植物： 竹类植物。

地理分布： 中国（贵州、河南）。

图 10-34　茱萸阿小叶蝉 *Arboridia surstyli*

A~B. 成虫栖息状；C. 生境及寄主植物

（2012 年 10 月 17 日，拍摄于贵州省贵阳市白云区长坡岭国家森林公园）

104. 阿小叶蝉属待定种 *Arboridia* sp.

分类地位： 叶蝉科 Cicadellidae，阿小叶蝉属 *Arboridia*。

寄主植物： 竹类植物。

地理分布： 中国（贵州）。

图 10-35 阿小叶蝉属待定种 *Arboridia* sp.

A~B. 成虫栖息状；C. 生境及寄主植物

（2012 年 8 月 27 日，拍摄于贵州省贵阳市白云区长坡岭国家森林公园）

105. 月芽米小叶蝉 *Mitjaevia korolevskayae* Dworakowska

分类地位： 叶蝉科 Cicadellidae，米小叶蝉属 *Mitjaevia*。

寄主植物： 杂灌木、竹类植物等。

地理分布： 中国（贵州），越南。

图 10-36　月芽米小叶蝉 *Mitjaevia korolevskayae*

A~B. 成虫栖息状；C. 生境及寄主植物

（2015 年 9 月 3 日，拍摄于贵州省黔西南布依族苗族自治州安龙县仙鹤坪自然保护区）

106. 双斑安纽小叶蝉 *Anufrievia maculosa* Dworakowska

（图 10-37）

分类地位：叶蝉科 Cicadellidae，安纽小叶蝉属 *Anufrievia*。

寄主植物：慈竹。

地理分布：中国（贵州、陕西），印度。

图 10-37 双斑安纽小叶蝉 *Anufrievia maculosa*

A~B. 成虫栖息状；C. 生境及寄主植物（慈竹）

（2015 年 9 月 3 日，拍摄于贵州省黔西南布依族苗族自治州安龙县仙鹤坪自然保护区）

107. 螯突戴小叶蝉 *Diomma pincersa* Song, Li & Xiong （图 10-38）

分类地位： 叶蝉科 Cicadellidae，戴小叶蝉属 *Diomma*。

寄主植物： 慈竹。

地理分布： 中国（贵州）。

图 10-38　螯突戴小叶蝉 *Diomma pincersa*

A~B. 成虫栖息状；C. 生境及寄主植物（慈竹）

（2012 年 10 月 15 日，拍摄于贵州省贵阳市花溪区花溪公园）

108. 台湾戴小叶蝉 *Diomma taiwana* (Shiraki)

（图 10-39）

分类地位： 叶蝉科 Cicadellidae，戴小叶蝉属 *Diomma*。

寄主植物： 竹类植物。

地理分布： 中国（贵州、台湾、海南、云南），日本，印度。

图 10-39 台湾戴小叶蝉 *Diomma taiwana*

A~B. 成虫栖息状；C. 生境及寄主植物

（2012 年 10 月 17 日，拍摄于贵州省贵阳市白云区长坡岭国家森林公园）

109. 红橙零叶蝉 *Limassolla rutila* Song & Li

分类地位：叶蝉科 Cicadellidae，零叶蝉属 *Limassolla*。

寄主植物：竹类植物。

地理分布：中国（贵州）。

图 10-40　红橙零叶蝉 *Limassolla rutila*

A~B. 成虫栖息状；C. 生境及寄主植物

（2012 年 10 月 17 日，拍摄于贵州省贵阳市白云区长坡岭国家森林公园）

110. 斑翅额垠叶蝉 *Mukaria maculata* (Matsumura)

分类地位：叶蝉科 Cicadellidae，额垠叶蝉属 *Mukaria*。

寄主植物：麻竹、慈竹等竹类植物。

地理分布：中国（福建、海南、广东、湖南、重庆、贵州、云南、香港、台湾），日本，爪哇岛。

图 10-41　斑翅额垠叶蝉 *Mukaria maculata*

A~B. 成虫栖息状；C. 生境及寄主植物（慈竹）

（2022 年 8 月 8 日，拍摄于贵州省黔东南苗族侗族自治州黄平县横坡森林公园）

111. 白斑额垠叶蝉 *Mukaria albinotata* Cai & Ge

分类地位：叶蝉科 Cicadellidae，额垠叶蝉属 *Mukaria*。

寄主植物：慈竹、精竹。

地理分布：中国（重庆、四川、贵州、海南）。

图 10-42　白斑额垠叶蝉 *Mukaria albinotata*

A~B. 成虫栖息状；C. 生境及寄主植物（慈竹）

（2022 年 10 月 8 日，拍摄于贵州省贵阳市贵安新区马场镇平寨村）

112. 黑额垠叶蝉 *Mukaria nigra* Kuoh & Kuoh
（图 10-43）

分类地位： 叶蝉科 Cicadellidae，额垠叶蝉属 *Mukaria*。

寄主植物： 竹类植物。

地理分布： 中国（福建、贵州）。

图 10-43　黑额垠叶蝉 *Mukaria nigra*

A~B. 成虫栖息状；C. 生境及寄主植物

（2015 年 9 月 1 日，拍摄于贵州省贵阳市乌当区渔洞峡）

113. 白足额垠叶蝉 *Mukaria pallipes* Li & Chen

分类地位：叶蝉科 Cicadellidae，额垠叶蝉属 *Mukaria*。

寄主植物：慈竹、糯竹、麻竹等竹类植物。

地理分布：中国（贵州、福建、广西、湖南、四川）。

图 10-44　白足额垠叶蝉 *Mukaria pallipes*

A~B. 成虫栖息状；C. 生境及寄主植物（麻竹）

（2022 年 8 月 13 日，拍摄于贵州省黔南布依族苗族自治州罗甸县龙坪镇）

114. 竹类额垠叶蝉 *Mukariella bambusana* (Li & Chen)

分类地位：叶蝉科 Cicadellidae，类额垠叶蝉属 *Mukariella*。

寄主植物：慈竹、麻竹等竹类植物。

地理分布：中国（贵州、云南、广东）。

图 10-45　竹类额垠叶蝉 *Mukariella bambusana*

A~B. 成虫栖息状；C. 生境及寄主植物（慈竹）

（2022 年 10 月 15 日，拍摄于贵州省贵阳市贵安新区马场镇平寨村）

115. 腹突麦叶蝉 *Myittana (Benglebra) ventrospina* (Chen & Yang)

分类地位： 叶蝉科 Cicadellidae，麦叶蝉属 *Myittana*。

寄主植物： 慈竹等竹类植物。

地理分布： 中国（贵州、云南）。

图 10-46　腹突麦叶蝉 *Myittana (Benglebra) ventrospina*

A~B. 成虫栖息状；C. 生境及寄主植物

（2021 年 7 月 31 日，拍摄于贵州省遵义市绥阳县宽阔水国家级自然保护区）

116. 双带痕叶蝉 *Mohunia bifasciana* Li & Chen

分类地位：叶蝉科 Cicadellidae，痕叶蝉属 *Mohunia*。

寄主植物：慈竹。

地理分布：中国（贵州、云南）。

图 10-47　双带痕叶蝉 *Mohunia bifasciana*

A~B. 成虫栖息状；C. 生境及寄主植物（慈竹）

（2003 年 8 月 8 日，拍摄于贵州省贵阳市花溪区花溪公园）

117. 塔纹新痕叶蝉 *Neomohunia pyramida* (Li & Chen)　（图 10-48）

分类地位：叶蝉科 Cicadellidae，新痕叶蝉属 *Neomohunia*。

寄主植物：竹类植物。

地理分布：中国（贵州）。

图 10-48　塔纹新痕叶蝉 *Neomohunia pyramida*

A~B. 成虫栖息状；C. 生境及寄主植物

（2021 年 7 月 31 日，拍摄于贵州省遵义市绥阳县宽阔水国家级自然保护区）

118. 曲茎新痕叶蝉 *Neomohunia sinuatipenis* Luo, Yang & Chen （图 10-49）

分类地位：叶蝉科 Cicadellidae，新痕叶蝉属 *Neomohunia*。

寄主植物：狭叶方竹。

地理分布：中国（贵州）。

图 10-49 曲茎新痕叶蝉 *Neomohunia sinuatipenis*

A. 雄成虫栖息状；B. 雌成虫栖息状；C. 生境及寄主植物（狭叶方竹）

（2014 年 9 月 7 日，拍摄于贵州省黔东南苗族侗族自治州雷山县雷公山国家级自然保护区）

119. 长刺新痕叶蝉 *Neomohunia longispina* Luo, Yang & Chen

分类地位： 叶蝉科 Cicadellidae，新痕叶蝉属 *Neomohunia*。

寄主植物： 狭叶方竹。

地理分布： 中国（贵州）。

图 10-50 长刺新痕叶蝉 *Neomohunia longispina*

A~B. 雄成虫栖息状；C. 生境及寄主植物（狭叶方竹）

（2022 年 10 月 23 日，拍摄于贵州省遵义市习水县东风湖国家湿地公园）

120. 双锥条背叶蝉 *Tiaobeinia bisubula* Chen & Li

分类地位：叶蝉科 Cicadellidae，条背叶蝉属 *Tiaobeinia*。

寄主植物：楠竹。

地理分布：中国（贵州）。

图 10-51　双锥条背叶蝉 *Tiaobeinia bisubula*

A~B. 雄成虫栖息状；C. 生境及寄主植物（楠竹）

（2022 年 10 月 24 日，拍摄于贵州省贵阳市清镇市国有林场）

121. 弯突条背叶蝉 *Tiaobeinia wantuia* Chen, Yang & Li

分类地位：叶蝉科 Cicadellidae，条背叶蝉属 *Tiaobeinia*。

寄主植物：麻竹、水竹、楠竹。

地理分布：中国（贵州、湖南）。

图 10-52　弯突条背叶蝉 *Tiaobeinia wantuia*

A~B. 雄成虫栖息状；C. 生境及寄主植物

（2022 年 8 月 9 日，拍摄于贵州省黔东南苗族侗族自治州黄平县朱家山国家森林公园）

122. 黑带拟痕叶蝉 *Pseudomohunia nigrifascia* Li, Chen & Zhang

（图 10-53）

分类地位：叶蝉科 Cicadellidae，拟痕叶蝉属 *Pseudomohunia*。

寄主植物：狭叶方竹。

地理分布：中国（贵州）。

图 10-53　黑带拟痕叶蝉 *Pseudomohunia nigrifascia*

A. 雌成虫栖息状；B. 雄成虫栖息状；C. 生境及寄主植物（狭叶方竹）

（2014 年 9 月 7 日，拍摄于贵州省黔东南苗族侗族自治州雷山县雷公山国家级自然保护区）

123. 双突丘额叶蝉 *Agrica bisubula* Luo, Yang & Chen （图 10-54）

分类地位：叶蝉科 Cicadellidae，丘额叶蝉属 *Agrica*。

寄主植物：箭竹。

地理分布：中国（贵州、四川）。

图 10-54 双突丘额叶蝉 *Agrica bisubula*

A~B. 成虫栖息状；C. 生境及寄主植物

（2017 年 8 月 5 日，拍摄于贵州省毕节市威宁彝族回族苗族自治县草海国家级自然保护区）

124. 五斑金叶蝉 *Bambusimukaria quinquepunctata* Chen & Yang （图 10-55）

分类地位：叶蝉科 Cicadellidae，金叶蝉属 *Bambusimukaria*。

寄主植物：斑竹等竹类植物。

地理分布：中国（贵州、云南、福建）。

图 10-55　五斑金叶蝉 *Bambusimukaria quinquepunctata*

A~B. 成虫栖息状；C. 生境及寄主植物

（2018 年 7 月 30 日，拍摄于贵州省黔南布依族苗族自治州龙里县龙架山国家森林公园）

125. 叉突平额叶蝉 *Flatfronta pronga* Chen & Li （图 10-56）

分类地位：叶蝉科 Cicadellidae，平额叶蝉属 *Flatfronta*。

寄主植物：慈竹、水竹、箭夹竹等竹类植物。

地理分布：中国（贵州、湖南、云南、重庆、广西、福建、广东、江西）。

图 10-56　叉突平额叶蝉 *Flatfronta pronga*

A. 成虫栖息状；B. 成虫及羽化后留下的蜕；C. 生境及寄主植物（慈竹）

（2022 年 10 月 8 日，拍摄于贵州省贵阳市贵安新区马场镇平寨村）

126. 黑额背突叶蝉 *Protensus nigrifrons* Li & Xing （图 10-57）

分类地位：叶蝉科 Cicadellidae，背突叶蝉属 *Protensus*。

寄主植物：竹类植物。

地理分布：中国（贵州）。

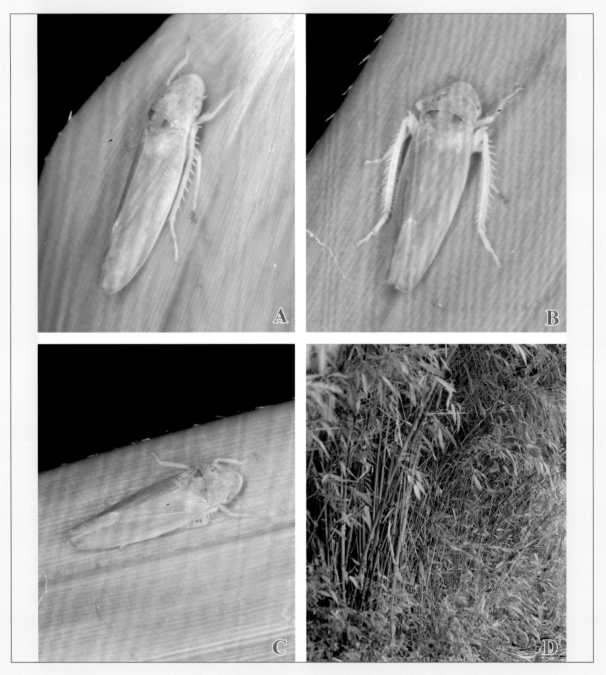

图 10-57　黑额背突叶蝉 *Protensus nigrifrons*

A~C. 成虫栖息状；D. 生境及寄主植物

（2017 年 7 月 30 日，拍摄于贵州省毕节市威宁彝族回族苗族自治县草海国家级自然保护区）

127. 截板叉索叶蝉 *Neurotettix truncatus* Dai, Xing & Li （图 10-58）

分类地位：叶蝉科 Cicadellidae，叉索叶蝉属 *Neurotettix*。

寄主植物：慈竹。

地理分布：中国（贵州、湖北）。

图 10-58　截板叉索叶蝉 *Neurotettix truncatus*

A~B. 雌成虫栖息状；C. 生境及寄主植物（慈竹）

（2015 年 10 月 27 日，拍摄于贵州省黔南布依族苗族自治州龙里县龙架山国家森林公园）

128. 刺突叉索叶蝉 *Neurotettix spinas* Wang, Yang & Chen （图 10-59）

分类地位：叶蝉科 Cicadellidae，叉索叶蝉属 *Neurotettix*。

寄主植物：狭叶方竹。

地理分布：中国（贵州）。

图 10-59　刺突叉索叶蝉 *Neurotettix spinas*

A~B. 雌成虫栖息状；C. 生境及寄主植物（狭叶方竹）

（2022 年 10 月 23 日，拍摄于贵州省遵义市习水县东风湖国家湿地公园）

129. 安龙带叶蝉 *Scaphoideus anlongensis* Yang, Li & Chen

（图 10-60）

分类地位： 叶蝉科 Cicadellidae，带叶蝉属 *Scaphoideus*。

寄主植物： 竹类植物。

地理分布： 中国（贵州）。

图 10-60　安龙带叶蝉 *Scaphoideus anlongensis*

A~B. 雌成虫栖息状；C. 生境及寄主植物

（2021 年 7 月 31 日，拍摄于贵州省遵义市绥阳县宽阔水国家级自然保护区）

130. 黑颊带叶蝉 *Scaphoideus nigrigenatus* Li

（图 10-61）

分类地位：叶蝉科 Cicadellidae，带叶蝉属 *Scaphoideus*。

寄主植物：竹类植物。

地理分布：中国（贵州）。

图 10-61　黑颊带叶蝉 *Scaphoideus nigrigenatus*

A~C. 雌成虫栖息状

（2015 年 9 月 3 日，拍摄于贵州省黔西南布依族苗族自治州安龙县仙鹤坪自然保护区）

131. 黑瓣带叶蝉 *Scaphoideus nigrivalveus* Li & Wang （图 10-62）

分类地位：叶蝉科 Cicadellidae，带叶蝉属 *Scaphoideus*。

寄主植物：狭叶方竹、平竹。

地理分布：中国（贵州、湖北、内蒙古）。

图 10-62　黑瓣带叶蝉 *Scaphoideus nigrivalveus*

A~B. 雌成虫栖息状；C. 生境及寄主植物（狭叶方竹）

（2022 年 10 月 23 日，拍摄于贵州省遵义市习水县东风湖国家湿地公园）

132. 端叉叶蝉属待定种 *Ablysellus* sp.

（图 10-63）

分类地位： 叶蝉科 Cicadellidae，端叉叶蝉属 *Ablysellus*。

寄主植物： 慈竹。

地理分布： 中国（贵州）。

图 10-63　端叉叶蝉属待定种 *Ablysellus* sp.

A~C. 成虫栖息状

（2014 年 7 月 31 日，拍摄于贵州省黔南布依族苗族自治州龙里县龙架山国家森林公园）

133. 黄脉端突叶蝉 *Branchana xanthota* Li

分类地位：叶蝉科 Cicadellidae，端突叶蝉属 *Branchana*。

寄主植物：平竹、楠竹、精竹等竹类植物。

地理分布：中国（贵州、湖南、四川）。

图 10-64 黄脉端突叶蝉 *Branchana xanthota*

A~B. 成虫栖息状；C. 生境及寄主植物（楠竹）

（2022 年 10 月 24 日，拍摄于贵州省贵阳市清镇市国有林场）

134. 叉茎合板叶蝉 *Connectivus bifidus* Xing & Li

（图 10-65）

分类地位：叶蝉科 Cicadellidae，合板叶蝉属 *Connectivus*。

寄主植物：竹类植物。

地理分布：中国（贵州、江西、四川）。

图 10-65　叉茎合板叶蝉 *Connectivus bifidus*

A~B. 成虫栖息状；C. 生境及寄主植物

（2014 年 10 月 3 日，拍摄于贵州省毕节市大方县百纳彝族乡）

135. 叉茎拟竹叶蝉 *Bambusananus furcatus* Li & Xing

分类地位： 叶蝉科 Cicadellidae，拟竹叶蝉属 *Bambusananus*。

寄主植物： 箭竹、狭叶方竹。

地理分布： 中国（贵州）。

图 10-66　叉茎拟竹叶蝉 *Bambusananus furcatus*

A~B. 成虫栖息状；C. 生境及寄主植物（箭竹）

（2014 年 9 月 7 日，拍摄于贵州省黔东南苗族侗族自治州雷山县雷公山国家级自然保护区）

136. 双斑拟竹叶蝉 *Bambusananus bipunctata* (Li & Kuoh)

（图 10-67）

分类地位：叶蝉科 Cicadellidae，拟竹叶蝉属 *Bambusananus*。

寄主植物：平竹、多毛箬竹等竹类植物。

地理分布：中国（贵州、福建、四川）。

图 10-67　双斑拟竹叶蝉 *Bambusananus bipunctata*

A~B. 成虫栖息状；C. 生境及寄主植物

（2021 年 7 月 31 日，拍摄于贵州省遵义市绥阳县宽阔水国家级自然保护区）

137. 斑翅拟竹叶蝉 *Bambusananus maculipennis* (Li & Wang)　（图 10-68）

分类地位：叶蝉科 Cicadellidae，拟竹叶蝉属 *Bambusananus*。

寄主植物：竹类植物。

地理分布：中国（贵州）。

图 10-68　斑翅拟竹叶蝉 *Bambusananus maculipennis*

A~B. 成虫栖息状；C. 生境及寄主植物

（2021 年 7 月 31 日，拍摄于贵州省遵义市绥阳县宽阔水国家级自然保护区）

138. 片突竹叶蝉 *Bambusana biflaka* Li

分类地位： 叶蝉科 Cicadellidae，竹叶蝉属 *Bambusana*。

寄主植物： 狭叶方竹等竹类植物。

地理分布： 中国（四川、海南、湖南、陕西、贵州）。

图 10-69　片突竹叶蝉 *Bambusana biflaka*

A~B. 成虫栖息状；C. 生境及寄主植物（狭叶方竹）

（2022 年 10 月 23 日，拍摄于贵州省遵义市习水县东风湖国家湿地公园）

139. 雷公山柔突叶蝉 *Abrus leigongshanensis* Li & Wang　　（图 10-70）

分类地位： 叶蝉科 Cicadellidae，柔突叶蝉属 *Abrus*。

寄主植物： 箭竹。

地理分布： 中国（贵州）。

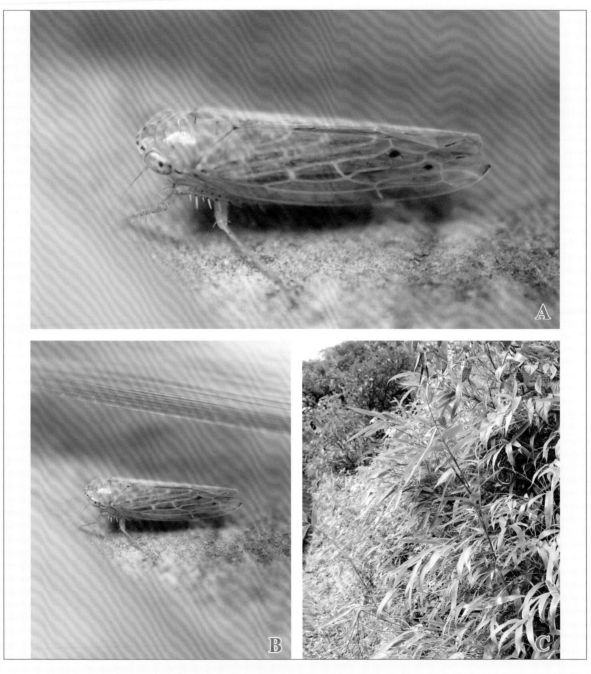

图 10-70　雷公山柔突叶蝉 *Abrus leigongshanensis*

A~B. 成虫栖息状；C. 生境及寄主植物（箭竹）

（2014 年 9 月 7 日，拍摄于贵州省黔东南苗族侗族自治州雷山县雷公山国家级自然保护区）

140. 竹柔突叶蝉 *Abrus bambusanus* Chen, Yang & Li

分类地位：叶蝉科 Cicadellidae，柔突叶蝉属 *Abrus*。

寄主植物：狭叶方竹。

地理分布：中国（贵州）。

图 10-71　竹柔突叶蝉 *Abrus bambusanus*

A~B. 成虫栖息状；C. 生境及寄主植物（狭叶方竹）

（2014 年 9 月 7 日，拍摄于贵州省黔东南苗族侗族自治州雷山县雷公山国家级自然保护区）

141. 短茎柔突叶蝉 *Abrus brevis* Dai & Zhang

分类地位：叶蝉科 Cicadellidae，柔突叶蝉属 *Abrus*。

寄主植物：毛环方竹等竹类植物。

地理分布：中国（广西、贵州）。

图 10-72　短茎柔突叶蝉 *Abrus brevis*

A~B. 成虫栖息状；C. 生境及寄主植物（毛环方竹）

（2016 年 9 月 23 日，拍摄于贵州省黔南布依族苗族自治州都匀市斗篷山景区）

142. 锥尾柔突叶蝉 *Abrus coneus* Dai & Zhang

分类地位：叶蝉科 Cicadellidae，柔突叶蝉属 *Abrus*。

寄主植物：竹类植物。

地理分布：中国（甘肃、贵州、湖北、广东）。

图 10-73　锥尾柔突叶蝉 *Abrus coneus*

A~B. 成虫栖息状；C. 生境及寄主植物

（2021 年 7 月 31 日，拍摄于贵州省遵义市绥阳县宽阔水国家级自然保护区）

143. 习水柔突叶蝉 *Abrus xishuiensis* Yang & Chen

（图 10-74）

分类地位： 叶蝉科 Cicadellidae，柔突叶蝉属 *Abrus*。

寄主植物： 狭叶方竹。

地理分布： 中国（贵州）。

图 10-74　习水柔突叶蝉 *Abrus xishuiensis*

A~B. 成虫栖息状；C. 生境及寄主植物（狭叶方竹）

（2022 年 10 月 23 日，拍摄于贵州省遵义市习水县东风湖国家湿地公园）

144. 二点颜脊叶蝉 *Xenovarta acuta* Viraktamath
（图 10-75）

分类地位：叶蝉科 Cicadellidae，颜脊叶蝉属 *Xenovarta*。

寄主植物：水竹、慈竹等竹类植物。

地理分布：中国（香港、湖南、福建、贵州）。

图 10-75　二点颜脊叶蝉 *Xenovarta acuta*

A~B. 成虫栖息状；C. 生境及寄主植物（慈竹）

（2022 年 10 月 8 日，拍摄于贵州省贵阳市贵安新区马场镇平寨村）

145. 模式竹叶蝉 *Bambusana bambusae* (Matsumura)

分类地位： 叶蝉科 Cicadellidae，竹叶蝉属 *Bambusana*。

寄主植物： 平竹、狭叶方竹。

地理分布： 中国（贵州、甘肃、河南），日本。

图 10-76　模式竹叶蝉 *Bambusana bambusae*

A~B. 成虫栖息状；C. 生境及寄主植物（狭叶方竹）

（2014 年 9 月 8 日，拍摄于贵州省黔东南苗族侗族自治州雷山县雷公山国家级自然保护区）

146. 佛坪竹叶蝉 *Bambusana fopingensis* Dai & Zhang
（图 10-77）

分类地位：叶蝉科 Cicadellidae，竹叶蝉属 *Bambusana*。

寄主植物：平竹、精竹、狭叶方竹等竹类植物。

地理分布：中国（贵州、陕西、四川）。

图 10-77　佛坪竹叶蝉 *Bambusana fopingensis*

A~B. 成虫栖息状；C. 生境及寄主植物（狭叶方竹）

（2014 年 9 月 7 日，拍摄于贵州省黔东南苗族侗族自治州雷山县雷公山国家级自然保护区）

147. 黄禾沫蝉 *Callitettix braconoides* (Walker)

（图 11-1）

分类地位： 沫蝉科 Cercopidae，禾沫蝉属 *Callitettix*。

寄主植物： 慈竹、糯竹。

地理分布： 中国（贵州）。

图 11-1　黄禾沫蝉 *Callitettix braconoides*

A~C. 成虫栖息状；D. 生境及寄主植物

（2007 年 7 月 24 日，拍摄于贵州省黔南布依族苗族自治州长顺县威远镇）

148. 竹尖胸沫蝉 *Aphrophora notabilis* Walker

分类地位： 沫蝉科 Cercopidae，尖胸沫蝉属 *Aphrophora*。

寄主植物： 毛竹、淡竹、刚竹、甜竹、红壳竹、角竹、小径竹。

地理分布： 中国（贵州、江苏、浙江、安徽），日本，韩国，土耳其，美国。

图 11-2　竹尖胸沫蝉 *Aphrophora notabilis*

A~D. 成虫栖息状

（2022 年 10 月 23 日，拍摄于贵州省遵义市习水县东风湖国家湿地公园）

149. 小曙沫蝉 *Eoscarta parva* Liang

分类地位：沫蝉科 Cercopidae，曙沫蝉属 *Eoscarta*。

寄主植物：竹类植物。

地理分布：中国（贵州、浙江），日本，法国，美国等 25 个国家和地区。

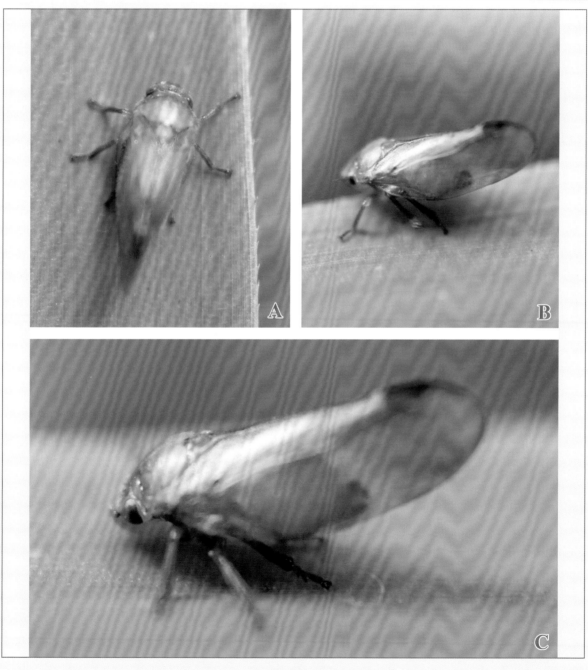

图 11-3　小曙沫蝉 *Eoscarta parva*

A~C. 成虫栖息状

（2022 年 8 月 9 日，拍摄于贵州省黔东南苗族侗族自治州黄平县横坡森林公园）

150. 曙沫蝉属待定种 *Eoscarta* sp.　　　

分类地位：沫蝉科 Cercopidae，曙沫蝉属 *Eoscarta*。

寄主植物：竹类植物。

地理分布：中国（贵州、江苏、台湾）。

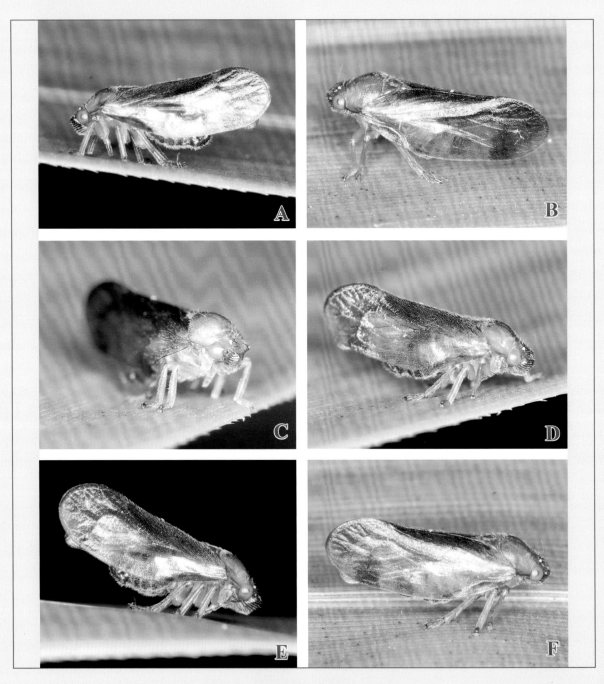

图 11-4　曙沫蝉属待定种 *Eoscarta* sp.

A~F. 雄成虫栖息状

（2021 年 7 月 31 日，拍摄于贵州省遵义市绥阳县宽阔水国家级自然保护区）

151. 透翅禾沫蝉 *Callitettix biformis* Lallemand

分类地位：沫蝉科 Cercopidae，禾沫蝉属 *Callitettix*。

寄主植物：竹类植物。

地理分布：中国（贵州、浙江、福建、广西、台湾、云南），日本，尼泊尔，泰国。

图 11-5　透翅禾沫蝉 *Callitettix biformis*

A~C. 成虫栖息状

（2021 年 7 月 31 日，拍摄于贵州省遵义市绥阳县宽阔水国家级自然保护区）

152. 一点铲头沫蝉 *Clovia puncta* (Walker)

（图 12-1）

分类地位：尖胸沫蝉科 Aphrophoridae，铲头沫蝉属 *Clovia*。

寄主植物：竹类植物。

地理分布：中国（贵州、安徽、浙江、江苏），马来西亚。

图 12-1　一点铲头沫蝉 *Clovia puncta*

A~C. 雄成虫栖息状

（2021 年 7 月 31 日，拍摄于贵州省遵义市绥阳县宽阔水国家级自然保护区）

153. 短刺铲头沫蝉 *Clovia quadrangularis* Metcalf & Horton

分类地位：尖胸沫蝉科 Aphrophoridae，铲头沫蝉属 *Clovia*。

寄主植物：楠竹。

地理分布：中国（贵州、云南、台湾、香港），日本，印度，马来西亚等。

图 12-2　短刺铲头沫蝉 *Clovia quadrangularis*

A~B. 成虫栖息状；C. 生境及寄主植物（楠竹）

（2022 年 8 月 9 日，拍摄于贵州省黔东南苗族侗族自治州黄平县横坡森林公园）

154. 科顿粉角蚜 *Ceratovacuna keduensis* Noordam

（图 13-1）

分类地位：蚜科 Aphididae，粉角蚜属 *Ceratovacuna*。

寄主植物：竹类植物。

地理分布：中国（贵州、海南），印度尼西亚。

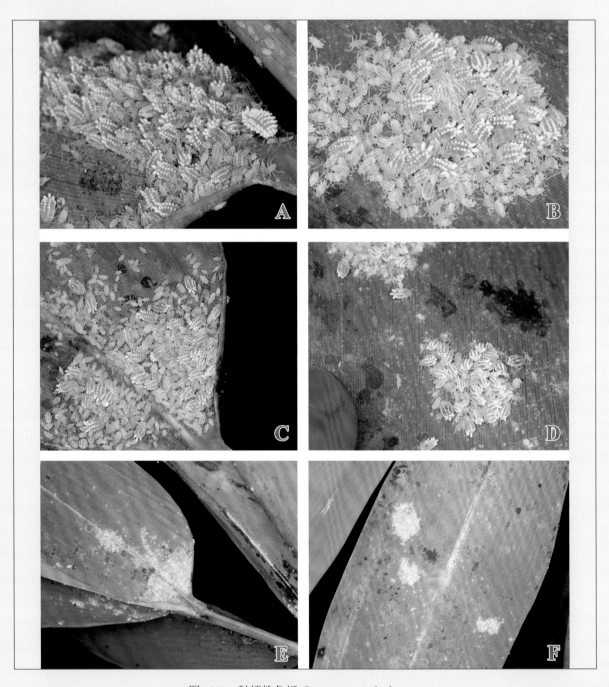

图 13-1　科顿粉角蚜 *Ceratovacuna keduensis*

A~F. 成若虫栖息状

（2022 年 7 月 9 日，拍摄于贵州省黔南布依族苗族自治州罗甸县沫阳镇）

155. 林栖粉角蚜 *Ceratovacuna silvestrii* (Takahashi)

分类地位： 蚜科 Aphididae，粉角蚜属 *Ceratovacuna*。

寄主植物： 斑竹、毛竹等竹类植物。

地理分布： 中国（贵州、陕西、湖北、福建、云南、台湾），印度。

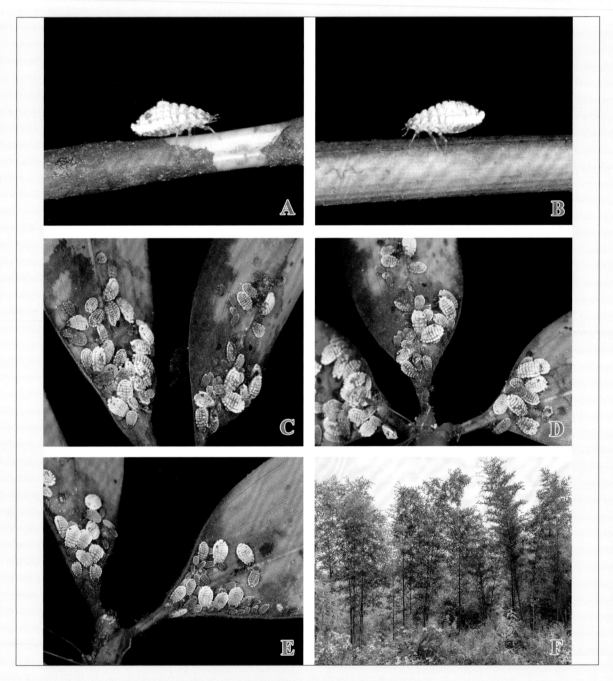

图 13-2　林栖粉角蚜 *Ceratovacuna silvestrii*

A~B. 成虫栖息状；C~E. 若虫栖息状；F. 生境及寄主植物

（2022 年 10 月 24 日，拍摄于贵州省贵阳市清镇市国有林场）

156. 竹叶草粉角蚜 *Ceratovacuna oplismeni* (Takahashi)

分类地位：蚜科 Aphididae，粉角蚜属 *Ceratovacuna*。

寄主植物：荩竹属竹类植物。

地理分布：中国（贵州、台湾），日本。

图 13-3 竹叶草粉角蚜 *Ceratovacuna oplismeni*

A~C. 成若虫栖息状

（2022 年 3 月 16 日，郑本燕拍摄于贵州省贵阳市花溪区贵州大学南校区）

157. 球米草粉角蚜 *Ceratovacuna nekoashi* (Sasaki)　　

分类地位：蚜科 Aphididae，粉角蚜属 *Ceratovacuna*。

寄主植物：莠竹属、荩草、红秧草、竹叶箬、茅草、狗秧草等禾本科植物。

地理分布：中国（贵州、广西、湖南、台湾），日本，韩国，印度。

图 13-4　球米草粉角蚜 *Ceratovacuna nekoashi*

A~D. 成若虫栖息状

（2022 年 6 月 14 日，朱文丽拍摄于贵州省铜仁市松桃苗族自治县九龙山）

158. 居竹伪角蚜 *Pseudoregma bambucicola* (Takahashi) （图 13-5）

分类地位： 蚜科 Aphididae，伪角蚜属 *Pseudoregma*。

寄主植物： 毛竹、甜竹、圆竹、黄竹、金丝竹、长枝竹、蓬莱竹、凤凰竹、缘竹、佛竹、龙头竹等竹类植物。

地理分布： 中国（贵州、江苏、江西、福建、浙江、广东、广西、四川、西藏、香港、台湾），日本，印度尼西亚。

图 13-5　居竹伪角蚜 *Pseudoregma bambucicola*

A~B. 成若虫栖息状；C. 生境及寄主植物

（2018 年 7 月 30 日，拍摄于贵州省黔南布依族苗族自治州龙里县龙架山国家森林公园）

159. 高雄伪角蚜 *Pseudoregma koshunensis* (Takahashi)

（图 13-6）

分类地位：蚜科 Aphididae，伪角蚜属 *Pseudoregma*。

寄主植物：凤尾竹、箭竹等竹类植物。

地理分布：中国（贵州、湖南、广西、重庆、四川、香港、台湾），印度尼西亚。

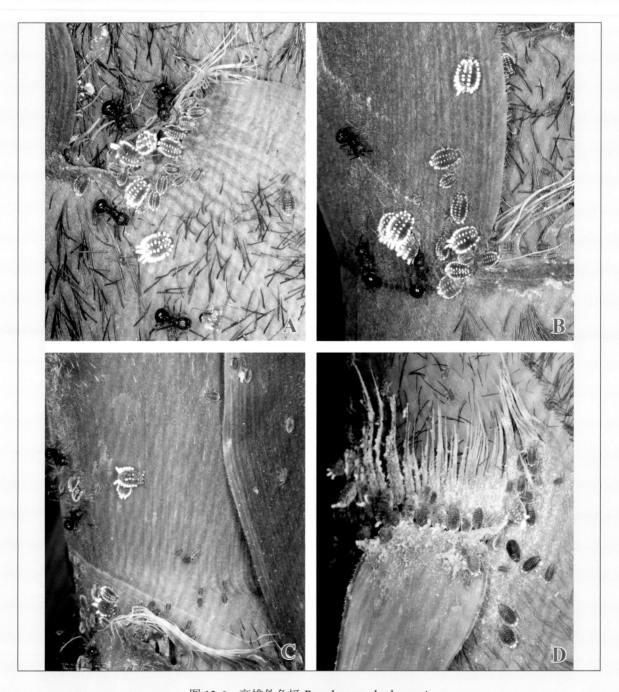

图 13-6　高雄伪角蚜 *Pseudoregma koshunensis*

A~D. 成若虫在竹笋上栖息、取食

（2022 年 8 月 8 日，拍摄于贵州省黔东南苗族侗族自治州黄平县横坡森林公园）

160. 竹舞蚜 *Astegopteryx bambusae* (Buckton)

分类地位：蚜科 Aphididae，舞蚜属 *Astegopteryx*。

寄主植物：箣竹属、青篱竹属等竹类植物。

地理分布：中国（贵州、福建、广西、香港、台湾），巴基斯坦，印度，尼泊尔，越南，泰国，斯里兰卡，菲律宾，马来西亚，印度尼西亚，斐济，巴布亚新几内亚。

图 13-7　竹舞蚜 *Astegopteryx bambusae*

A~B. 成若虫栖息状；C. 生境及寄主植物

（2022 年 7 月 9 日，拍摄于贵州省黔南布依族苗族自治州罗甸县沫阳镇）

161. 台湾舞蚜 *Astegopteryx formosana* (Takahashi)

（图 13-8）

分类地位：蚜科 Aphididae，舞蚜属 *Astegopteryx*。

寄主植物：箣竹属等竹类植物。

地理分布：中国（贵州、台湾），日本。

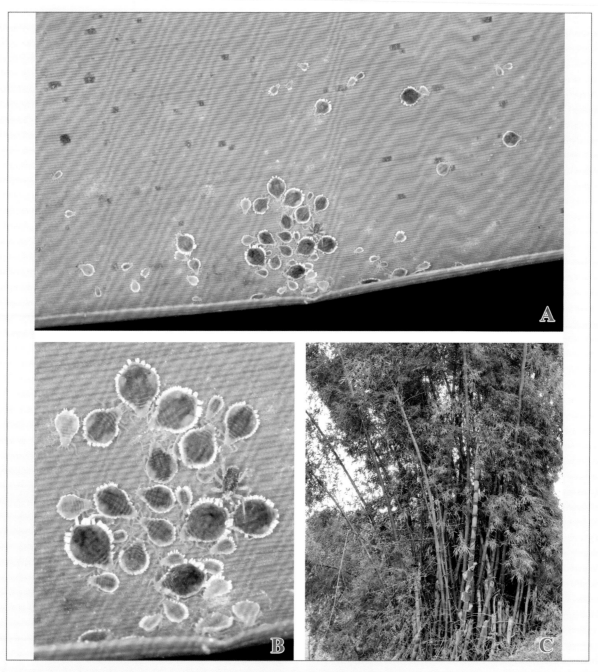

图 13-8　台湾舞蚜 *Astegopteryx formosana*

A~B. 成若虫栖息状；C. 生境及寄主植物

（2022 年 7 月 9 日，拍摄于贵州省黔南布依族苗族自治州罗甸县沫阳镇）

162. 竹密角蚜 *Glyphinaphis bambusae* van der Goot

（图 13-9）

分类地位: 蚜科 Aphididae，密角蚜属 *Glyphinaphis*。

寄主植物: 箬竹、箬竹、苦竹、小竹、狭叶方竹等竹类植物。

地理分布: 中国（贵州、浙江、湖南、福建、海南、台湾、广西、四川），印度，印度尼西亚。

图 13-9　竹密角蚜 *Glyphinaphis bambusae*

A~B. 成若虫栖息状；C. 生境及寄主植物（狭叶方竹）

（2022 年 10 月 22 日，拍摄于贵州省遵义市习水县东风湖国家湿地公园）

163. 竹纵斑蚜 *Takecallis arundinariae* (Essig)

分类地位：蚜科 Aphididae，凸唇斑蚜属 *Takecallis*。

寄主植物：桂竹、空心苦竹、布袋竹、刚竹、石竹、苕竹、小竹、毛竹、水竹等竹类植物。

地理分布：中国（贵州、河北、江西、山东、湖北、湖南、福建、甘肃、四川、浙江、台湾），日本，朝鲜半岛，欧洲，北美。

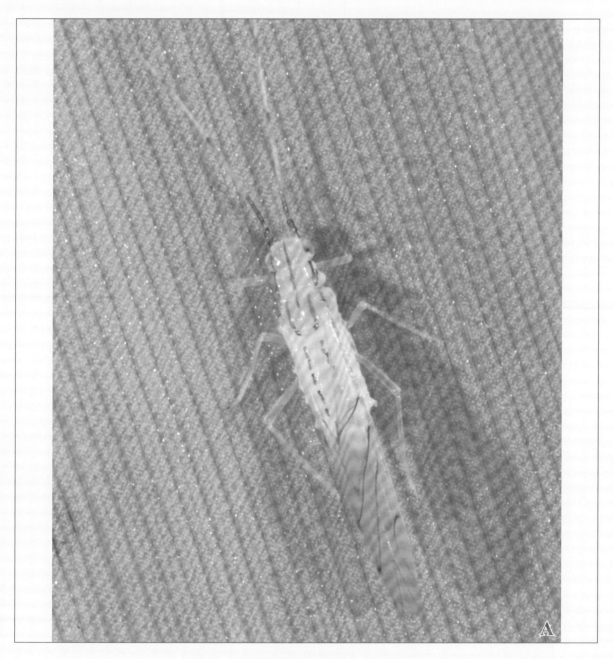

图 13-10 竹纵斑蚜 *Takecallis arundinariae*

A. 成虫栖息状

（2022 年 5 月 26 日，郑本燕拍摄于贵州省贵阳市花溪区腾龙湾）

164. 竹梢凸唇斑蚜 *Takecallis tawanus* (Takahashi)

分类地位： 蚜科 Aphididae，凸唇斑蚜属 *Takecallis*。

寄主植物： 赤竹、茶竿竹、刚竹、紫竹、雷竹、石绿竹等竹类植物。

地理分布： 中国（贵州、上海、江苏、山东、四川、浙江、云南、陕西、台湾），日本，新西兰，欧洲，北美。

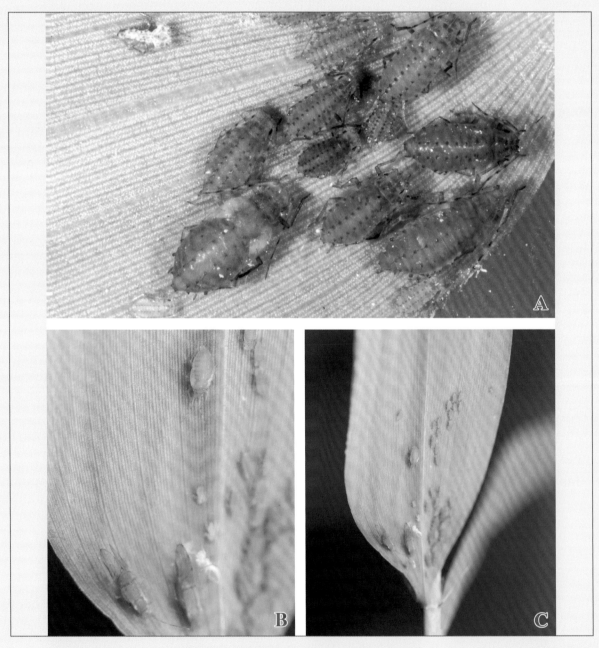

图 13-11　竹梢凸唇斑蚜 *Takecallis tawanus*

A~C. 成虫栖息状

（2022 年 4 月 20 日，郑本燕拍摄于贵州省贵阳市花溪区腾龙湾）

165. 居竹拟叶蚜 *Phyllaphoides bambusicola* Takahashi

（图 13-12）

分类地位：蚜科 Aphididae，拟叶蚜属 *Phyllaphoides*。

寄主植物：斑竹、楠竹、刚竹、苦竹、桂竹等竹类植物。

地理分布：中国（贵州、江苏、湖北、湖南、广东、四川、浙江、台湾）。

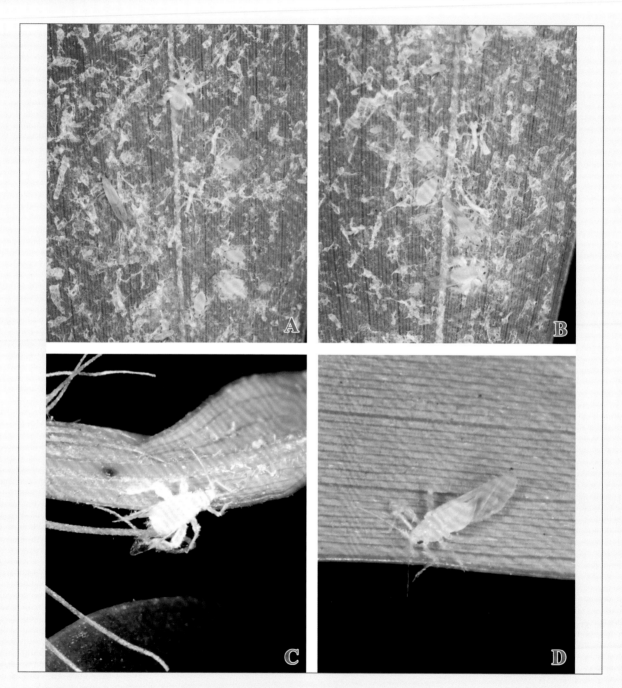

图 13-12　居竹拟叶蚜 *Phyllaphoides bambusicola*

A~B. 成若虫栖息状；C. 雄有翅蚜；D. 雌有翅蚜

（2022 年 10 月 24 日，拍摄于贵州省贵阳市清镇市国有林场）

166. 水竹斑蚜 *Chucallis bambusicola* (Takahashi) （图 13-13）

分类地位：蚜科 Aphididae，竹斑蚜属 *Chucallis*。

寄主植物：筱竹、水竹等竹类植物。

地理分布：中国（贵州、浙江、陕西、四川、甘肃、台湾、香港）。

图 13-13　水竹斑蚜 *Chucallis bambusicola*

A~D. 成若虫栖息状

（2022 年 10 月 22 日，拍摄于贵州省遵义市习水县东风湖国家湿地公园）

167. 竹色蚜 *Melanaphis bambusae* (Fullaway) （图 13-14）

分类地位：蚜科 Aphididae、蚜亚科 Aphidinae，色蚜属 *Melanaphis*。

寄主植物：竹类植物。

地理分布：中国（贵州、江苏、湖南、广东、云南、四川、台湾），日本，朝鲜半岛，马来西亚，印度尼西亚，美国，埃及，俄罗斯。

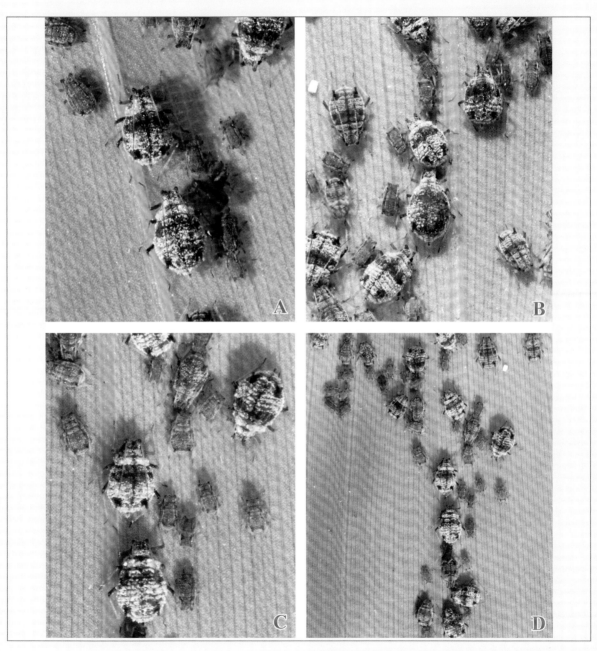

图 13-14　竹色蚜 *Melanaphis bambusae*

A~D. 成若虫栖息状

（2022 年 5 月 26 日，郑本燕拍摄于贵州省贵阳市花溪区十里河滩）

十四、蚧科
Coccidae

168. 茂兰竹蜡蚧 *Bambusaecoccus maolanensis* Meng & Xing

分类地位：蚧科 Coccidae，竹蜡蚧属 *Bambusaecoccus*。

寄主植物：绿竹属。

地理分布：中国（贵州）。

图 14-1　茂兰竹蜡蚧 *Bambusaecoccus maolanensis*

A~B. 成虫栖息状；C. 生境及寄主植物

（2021 年 11 月 11 日，蒙仕涛拍摄于贵州省黔南布依族苗族自治州荔波县茂兰国家级自然保护区）

169. 臀纹粉蚧属待定种 *Planococcus* sp. （图 15-1）

分类地位：粉蚧科 Pseudococcidae，臀纹粉蚧属 *Planococcus*。

寄主植物：竹类植物。

地理分布：中国（湖南）。

图 15-1　臀纹粉蚧属待定种 *Planococcus* sp.

A~B. 成虫栖息状；C. 生境及寄主植物

（2022 年 8 月 9 日，拍摄于贵州省黔东南苗族侗族自治州黄平县横坡森林公园）

十六、盾蚧科
Diaspididae

170. 黑美盾蚧 *Formosaspis takahashii* (Lindinger)

（图 16-1）

分类地位： 盾蚧科 Diaspididae，美盾蚧属 *Formosaspis*。

寄主植物： 竹类植物。

地理分布： 中国（贵州、广西、浙江、安徽、四川、云南、台湾）。

图 16-1　黑美盾蚧 *Formosaspis takahashii*

A~E. 成虫栖息状；F. 生境及寄主植物

（2021 年 5 月 31 日，田枫拍摄于贵州省铜仁市松桃苗族自治县两河口）

171. 迤长盾蚧 *Kuwanaspis hikosani* (Kuwana)
（图 16-2）

分类地位：盾蚧科 Diaspididae，长盾蚧属 *Kuwanaspis*。

寄主植物：竹类植物。

地理分布：中国（贵州、江苏、浙江、安徽、福建、广东、广西、陕西、香港），日本，韩国，土耳其，美国。

图 16-2　迤长盾蚧 *Kuwanaspis hikosani*

A~E. 成虫栖息状；F. 生境及寄主植物

（2021 年 5 月 31 日，田枫拍摄于贵州省铜仁市松桃苗族自治县半坡台村）

172. 竹长盾蚧 *Kuwanaspis pseudoleucaspis* (Kuwana)　　（图 16-3）

分类地位： 盾蚧科 Diaspididae，长盾蚧属 *Kuwanaspis*。

寄主植物： 箭竹、毛竹、苦竹等竹类植物。

地理分布： 中国（贵州、浙江、安徽、福建、江西、河南、广西、云南、台湾），日本，法国，美国等 25 个国家和地区。

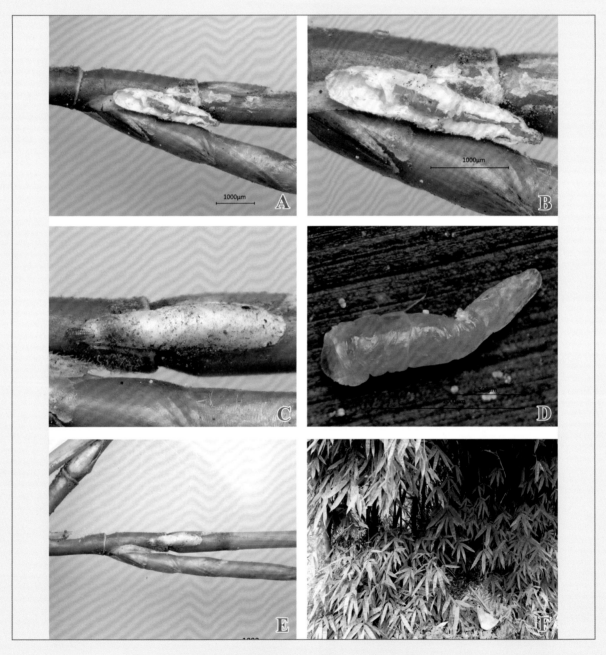

图 16-3　竹长盾蚧 *Kuwanaspis pseudoleucaspis*

A~E. 成虫栖息状；F. 生境及寄主植物

（2021 年 4 月 25 日，田枫拍摄于贵州省贵阳市南明区药用植物园）

173. 细长盾蚧 *Kuwanaspis suishana* (Takahashi)

分类地位： 盾蚧科 Diaspididae，长盾蚧属 *Kuwanaspis*。

寄主植物： 毛竹等竹类植物。

地理分布： 中国（贵州、浙江、福建、广西、四川、台湾），日本，尼泊尔，泰国。

图 16-4 细长盾蚧 *Kuwanaspis suishana*

A~E. 雄成虫栖息状；F. 生境及寄主植物

（2021 年 4 月 21 日，田枫拍摄于贵州省贵阳市花溪区平桥）

174. 豸形长盾蚧 *Kuwanaspis vermiformis* (Takahashi)

（图 16-5）

分类地位： 盾蚧科 Diaspididae，长盾蚧属 *Kuwanaspis*。

寄主植物： 凤尾竹、箣竹、麻竹等竹类植物。

地理分布： 中国（贵州、江苏、安徽、福建、广东、云南、台湾），马来西亚，科特迪瓦，美国等 7 个国家和地区。

图 16-5　豸形长盾蚧 *Kuwanaspis vermiformis*

A~E. 雄成虫栖息状；F. 生境及寄主植物

（2021 年 5 月 20 日，田枫拍摄于贵州省遵义市道真仡佬族苗族自治县阳溪镇）

175. 贝林苍白泥盾蚧 *Nikkoaspis berincangensis* Takagi 　　　(图 16-6)

分类地位: 盾蚧科 Diaspididae,白泥盾蚧属 *Nikkoaspis*。

寄主植物: 竹类植物。

地理分布: 中国（贵州、安徽、浙江、江苏），马来西亚。

图 16-6　贝林苍白泥盾蚧 *Nikkoaspis berincangensis*

A~C. 雄成虫栖息状；D. 生境及寄主植物

（2021 年 5 月 31 日，田枫拍摄于贵州省铜仁市松桃苗族自治县两河口）

176. 短刺白泥盾蚧 *Nikkoaspis brevispina* Tian, Zheng & Xing （图 16-7）

分类地位： 盾蚧科 Diaspididae，白泥盾蚧属 *Nikkoaspis*。

寄主植物： 矮竹等竹类植物。

地理分布： 中国（贵州）。

图 16-7　短刺白泥盾蚧 *Nikkoaspis brevispina*

A~C. 雄成虫栖息状；D. 生境及寄主植物

（2021 年 5 月 31 日，田枫拍摄于贵州省铜仁市松桃苗族自治县两河口）

177. 竹盾蚧 *Greenaspis elongata* (Green)

分类地位：盾蚧科 Diaspididae，竹盾蚧属 *Greenaspis*。

寄主植物：凤尾竹、箭竹等竹类植物。

地理分布：中国（贵州、浙江、安徽、福建、广东、四川、云南、台湾、香港），日本，印度，马来西亚等。

图 16-8　竹盾蚧 *Greenaspis elongata*

A～E. 雄成虫栖息状；F. 生境及寄主植物

（2021 年 4 月 24 日，田枫拍摄于贵州省黔南布依族苗族自治州荔波县永康乡）

178. 小釉盾蚧 *Unachionaspis tenuis* (Maskell)

（图 16-9）

分类地位： 盾蚧科 Diaspididae，釉盾蚧属 *Unachionaspis*。

寄主植物： 竹类植物。

地理分布： 中国（贵州、福建、陕西、四川、浙江），日本，俄罗斯，美国。

图 16-9　小釉盾蚧 *Unachionaspis tenuis*

A~E. 雄成虫栖息状；F. 生境及寄主植物

（2021 年 7 月 11 日，田枫拍摄于贵州省黔南布依族苗族自治州都匀市毛尖镇）

179. 多腺釉盾蚧 *Unachionaspis multiglandularis* Tian & Xing （图 16-10）

分类地位：盾蚧科 Diaspididae，釉盾蚧属 *Unachionaspis*。

寄主植物：狭叶方竹等竹类植物。

地理分布：中国（贵州）。

图 16-10 多腺釉盾蚧 *Unachionaspis multiglandularis*

A~B. 成虫栖息状；C. 生境及寄主植物（狭叶方竹）

（2022 年 10 月 22 日，拍摄于贵州省遵义市习水县东风湖国家湿地公园）

十七、蝽科
Pentatomidae

180. 薄蝽 *Brachymna tenuis* Stål

（图 17-1）

分类地位：蝽科 Pentatomidae，薄蝽属 *Brachymna*。

寄主植物：楠竹。

地理分布：中国（贵州、广东、河南、安徽、江苏、上海、浙江、江西、四川、福建）。

图 17-1　薄蝽 *Brachymna tenuis*

A~F. 成虫栖息状

（2022 年 10 月 24 日，拍摄于贵州省贵阳市清镇市国有林场）

181. 平蝽 *Drinostia fissiceps* Stål

分类地位：蝽科 Pentatomidae，平蝽属 *Drinostia*。

寄主植物：毛竹等竹类植物。

地理分布：中国（贵州、浙江、湖南、江西）。

图 17-2　平蝽 *Drinostia fissiceps*

A~B. 成虫栖息状；C. 生境及寄主植物

（2021 年 7 月 31 日，拍摄于贵州省遵义市绥阳县宽阔水国家级自然保护区）

182. 竹卵圆蝽 *Hippotiscus dorsalis* (Stål)

（图 17-3）

分类地位：蝽科 Pentatomidae，卵圆蝽属 *Hippotiscus*。

寄主植物：竹类植物。

地理分布：中国（贵州、江西、福建、湖南、浙江），印度。

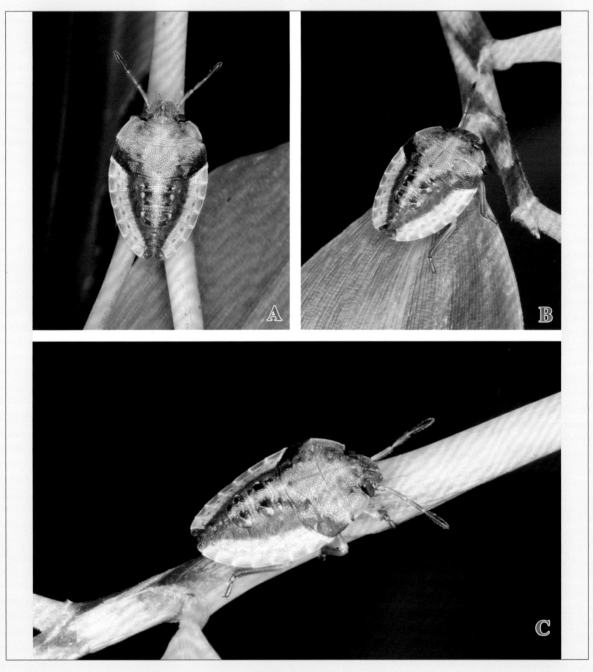

图 17-3　竹卵圆蝽 *Hippotiscus dorsalis*

A~C. 若虫栖息状

（2022 年 10 月 24 日，拍摄于贵州省贵阳市清镇市国有林场）

183. 珀蟑 *Plautia fimbriata* (Fabricius)

分类地位：蟑科 Pentatomidae，珀蟑属 *Plautia*。

寄主植物：竹类植物。

地理分布：中国（贵州、福建、湖北、湖南、广东、广西、海南、四川、云南、西藏），阿富汗，斯里兰卡，菲律宾，印度尼西亚，非洲。

图 17-4　珀蟑 *Plautia fimbriata*

A. 成虫栖息状

（2022 年 8 月 9 日，拍摄于贵州省黔东南苗族侗族自治州黄平县谷陇镇）

184. 黑竹缘蝽 *Notobitus meleagris* Fabricius （图 18-1）

分类地位：缘蝽科 Coreidae，竹缘蝽属 *Notobitus*。

寄主植物：慈竹。

地理分布：中国（贵州、浙江、福建、江西、广东、广西、四川、云南、台湾），印度，缅甸，越南，新加坡。

图 18-1　黑竹缘蝽 *Notobitus meleagris*

A~B. 雌雄成虫交配状；C. 若虫栖息状；D. 生境及寄主植物

（2022 年 8 月 14 日，拍摄于贵州省黔南布依族苗族自治州惠水县羡塘乡）

185. 光锥缘蝽 *Acestra yunnana* Hsiao

分类地位： 缘蝽科 Coreidae，锥缘蝽属 *Acestra*。

寄主植物： 竹类植物。

地理分布： 中国（贵州、广西、海岛、云南）。

图 18-2 光锥缘蝽 *Acestra yunnana*

A~B. 成虫栖息状；C. 生境及寄主植物

（2022 年 7 月 9 日，拍摄于贵州省黔南布依族苗族自治州罗甸县罗悃镇）

186. 小稻缘蝽 *Leptocorisa lepida* Breddin

分类地位：缘蝽科 Coreidea，稻缘蝽属 *Leptocorisa*。

寄主植物：竹类植物。

地理分布：中国（贵州、广西、云南）。

图 18-3　小稻缘蝽 *Leptocorisa lepida*

A~B. 成虫栖息状；C. 生境及寄主植物

（2022 年 10 月 15 日，拍摄于贵州省贵阳市贵安新区马场镇平寨村）

187. 迷缘蝽属待定种 *Myrmus* sp. 〔图 18-4〕

分类地位： 缘蝽科 Coreidae，迷缘蝽属 *Myrmus*。

寄主植物： 竹类植物。

地理分布： 中国（贵州）。

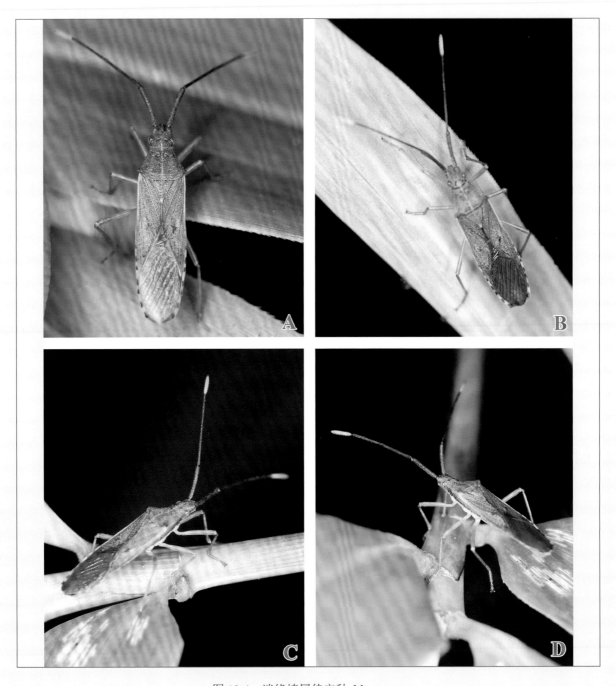

图 18-4　迷缘蝽属待定种 *Myrmus* sp.

A~D. 成虫栖息状

（2021 年 7 月 31 日，拍摄于贵州省遵义市绥阳县宽阔水国家级自然保护区）

188. 篁盲蝽 *Mystilus priamus* Distant

（图 19-1）

分类地位：盲蝽科 Miridae，篁盲蝽属 *Mystilus*。

寄主植物：甜龙竹。

地理分布：中国（贵州、广西、海南、云南），缅甸，菲律宾。

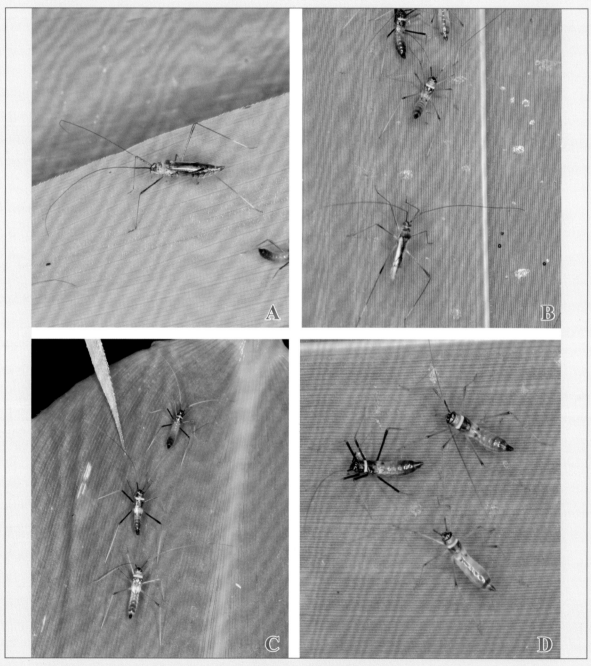

图 19-1　篁盲蝽 *Mystilus priamus*

A. 雄虫栖息状；B~D. 成若虫栖息状

（2022 年 7 月 10 日，拍摄于贵州省黔西南布依族苗族自治州望谟县麻山镇打郎村）

189. 川同蝽 *Acanthosoma sichuanense* Liu

（图 20-1）

分类地位：同蝽科 Acanthosomatidae，同蝽属 *Acanthosoma*。

寄主植物：竹类植物。

地理分布：中国（贵州、浙江、福建、四川、云南、湖北、湖南、重庆）。

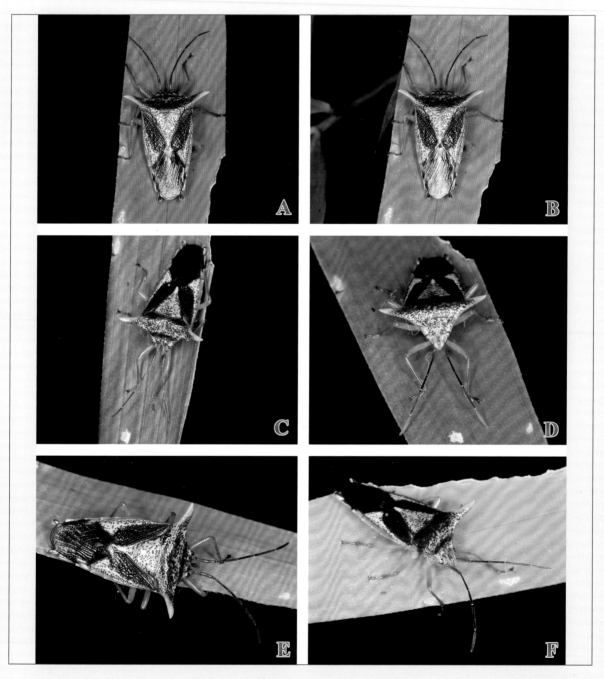

图 20-1　川同蝽 *Acanthosoma sichuanense*

A~F. 成虫栖息状

（2022 年 10 月 23 日，拍摄于贵州省遵义市习水县东风湖国家湿地公园）

二十一、长蝽科
Lygaeidae

190. 小巨股长蝽 *Macropes harringtonae* Slater, Ashlock & Wilcox （图 21-1）

分类地位：长蝽科 Lygaeidae，巨股长蝽属 *Macropes*。

寄主植物：竹类植物。

地理分布：中国（贵州、福建、重庆、广东、广西、海南、河南、湖北、湖南、江苏、江西、四川、台湾、云南、浙江）

图 21-1 小巨股长蝽 *Macropes harringtonae*

A~C. 成虫栖息状

（2022 年 8 月 13 日，拍摄于贵州省黔南布依族苗族自治州罗甸县龙坪镇）

191. 刺协跷蝽 *Yemmalysus parallelus* Stusak

分类地位：跷蝽科 Berytidae，刺协跷蝽属 *Yemmalysus*。

寄主植物：竹类植物。

地理分布：中国（贵州、江西、广东、广西、云南）。

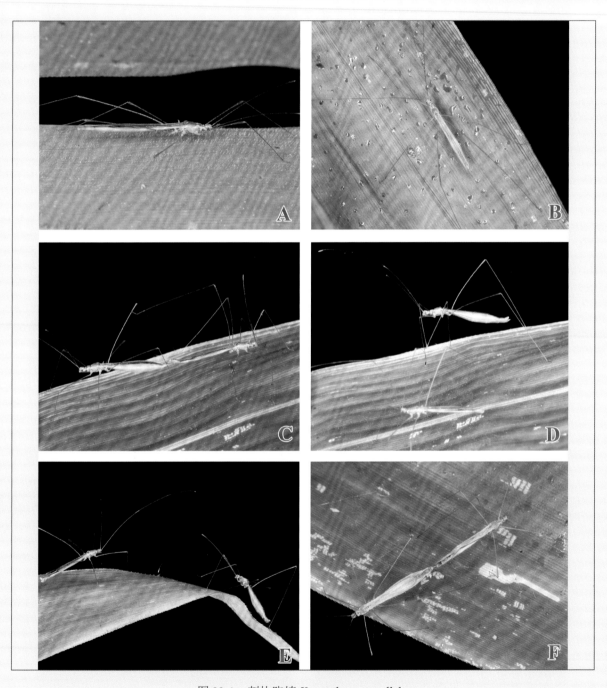

图 22-1　刺协跷蝽 *Yemmalysus parallelus*

A~F. 成虫栖息状

（2022 年 8 月 4 日，拍摄于贵州省贵阳市贵安新区马场镇平寨村）

二十三、网蝽科
Tingidae

192. 壳背网蝽属待定种 *Cochlochila* sp.

（图 23-1）

分类地位：网蝽科 Tingidae，壳背网蝽属 *Cochlochila*。

寄主植物：慈竹。

地理分布：中国（贵州）。

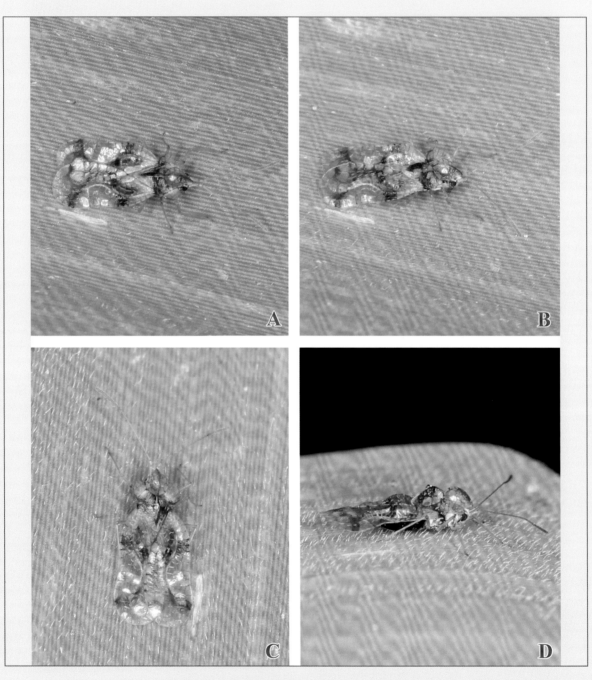

图 23-1　壳背网蝽属待定种 *Cochlochila* sp.

A~D. 成虫栖息状

（2022 年 10 月 8 日，拍摄于贵州省贵阳市贵安新区马场镇平寨村）

参考文献

[1] 陈祥盛，杨琳，李子忠 . 中国竹子叶蝉 [M]. 北京：中国林业出版社，2012.

[2] 陈祥盛，张争光，常志敏 . 中国瓢蜡蝉和短翅蜡蝉 [M]. 贵阳：贵州科技出版社，2014.

[3] 丁锦华 . 中国动物志 昆虫纲 第四十五卷：同翅目 飞虱科 [M]. 北京：科学出版社，2006.

[4] 方志刚，王义平 . 中国竹类半翅目害虫 [J]. 浙江林业科技，2000，20（3）：54-57+61.

[5] 江泽慧 . 中国竹类植物图鉴 [M]. 北京：科学出版社，2020.

[6] 李子忠，邢济春 . 中国叶蝉图鉴 [M]. 贵阳：贵州科技出版社，2021.

[7] 萧采瑜，等 . 中国蝽类昆虫鉴定手册（半翅目异翅亚目）：第一册 [M]. 北京：科学出版社，1977.

[8] 萧采瑜，任树芝，郑乐怡，等 . 中国蝽类昆虫鉴定手册（半翅目异翅亚目）：第二册 [M]. 北京：科学出版社，1981.

[9] 徐天森，王浩杰 . 中国竹子主要害虫 [M]. 北京：中国林业出版社，2004.

[10] 杨琳，陈祥盛 . 中国竹子叶蝉图解检索 [M]. 贵阳：贵州大学出版社，2017.

[11] 张广学，钟铁森 . 中国经济昆虫志 第二十五册：同翅目 蚜虫类（一）[M]. 北京：科学出版社，1983.

[12] 张润志，乔格侠 . 常见蚜虫生态图鉴 [M]. 北京：科学出版社，2020.

[13] 张雅林，车艳丽，孟瑞，等 . 中国动物志 昆虫纲 第七十卷：半翅目 杯瓢蜡蝉科 瓢蜡蝉科 [M]. 北京：科学出版社，2020.

[14] CHANG Z M, CHEN X S. *Tambinia bambusana* sp. nov., a new bamboo-feeding species of Tambiniini (Hemiptera: Fulgoromorpha: Tropiduchidae) from China[J]. Florida Entomologist, 2012,95(4): 971-978.

[15] CHEN X S, LIANG A P. Revision of the Oriental genus *Bambusiphaga* Huang and Ding (Hemiptera: Fulgoroidea: Delphacidae)[J].Zoological Studies, 2007,46(4):503-519.

[16] CHEN X S, YANG L.Oriental bamboo delphacid planthoppers: three new species of genus *Kakuna* Matsumura (Hemiptera: Fulgoroidea: Delphacidae) from Guizhou Province, China[J]. Zootaxa, 2010, 2344: 29-38.

[17] CHEN X S, ZHANG G Z. *Bambusicaliscelis*, a new bamboo-feeding planthopper genus of Caliscelini (Hemiptera: Fulgoroidea: Caliscelidae: Caliscelinae), with descriptions of two new species and their fifth-instar nymphs from Southwest China[J]. Annals of the Entomological Society of America, 2011, 104(2): 95-104.

[18] CHEN X S, LI X F, LIANG A P, YANG L. Review of the bamboo delphacid genus *Malaxa* Melichar (Hemiptera: Fulgoroidea: Delphacidae) from China[J]. Annales Zoologici, 2006, 56(1): 159-166.

[19] CHEN X S, YANG L, TSAI J H. Review of the bamboo delphacid genus *Arcofacies* (Hemiptera: Fulgoroidea: Delphacidae) from China, with description of one new species[J]. Florida Entomologist, 2007, 90(4): 683-689.

[20] CHEN X S, YANG L, TSAI J H. Revision of the bamboo delphacid genus *Belocera* (Hemiptera: Fulgoroidea: Delphacidae)[J]. Florida Entomologist, 2007, 90(4): 674-682.

[21] GONG N, YANG L, CHEN X S. *Youtuus*, a new bamboo-feeding genus of the tribe Augilini with two new species from China (Hemiptera, Fulgoromorpha, Caliscelidae)[J]. ZooKeys, 2018, 783: 85-96.

[22] GONG N, YANG L, CHEN X S. Two new species of the bamboo-feeding genus *Bambusicaliscelis* Chen & Zhang, 2011 from China (Hemiptera, Fulgoromorpha, Caliscelidae)[J]. ZooKeys, 2018, 776: 81-89.

[23] GONG N, YANG L, CHEN X S. New genus and new species of the tribe Augilini (Hemiptera, Fulgoromorpha: Caliscelidae) from Yunnan Province in China[J]. Zootaxa, 2020, 4895 (3): 411-420.

[24] GONG N, YANG L, CHEN X S. Two new species of the genus *Symplanella* Fennah (Hemiptera, Fulgoromorpha, Caliscelidae) from China[J]. Zootaxa, 2020, 4801 (2): 355-362.

[25] GONG N, YANG L, CHEN X S. First record of the genus *Augilina* Melichar, 1914 (Hemiptera, Fulgoromorpha, Caliscelidae) from China, with descriptions of two new bamboo-feeding species[J]. European Journal of Taxonomy, 2021, 744: 38-48.

[26] HOU X H, CHEN X S. Oriental bamboo planthoppers: two new species of the genus *Bambusiphaga* (Hemiptera: Fulgoroidea: Delphacidae) from Hainan Island, China[J]. Florida Entomologist, 2010, 93(3): 391-397.

[27] HOU X H, CHEN X S. Review of the Oriental bamboo delphacid genus *Neobelocera* Ding & Yang (Hemiptera: Fulgoroidea: Delphacidae) with the description of one new species[J]. Zootaxa, 2010, 2387: 39-50.

[28] HOU X H, YANG L, CHEN X S.A checklist of genus *Malaxa* Melichar (Hemiptera: Fulgoromorpha: Delphacidae) with the descriptions of one new record species of China and the fififth instar nymph of *Malaxa delicata* Ding et Yang[J]. Florida Entomologist, 2013, 96(3): 864-870.

[29] LI H X, YANG L, CHEN X S. Two new species of the bamboo-feeding planthopper genus *Bambusiphaga* Huang & Ding from China (Hemiptera, Fulgoromorpha, Delphacidae)[J]. ZooKeys, 2018, 735: 83-96.

[30] LI H X, YANG L, CHEN X S. Taxonomic study of the genus *Malaxa* Melichar, with descriptions of two new species from China (Hemiptera, Fulgoroidea, Delphacidae)[J]. ZooKeys, 2019, 861: 43-52.

[31] LI H X, YANG L, CHEN X S. Two new species of the bamboo-feeding planthopper genus *Purohita* Distant from China (Hemiptera, Fulgoromorpha, Delphacidae)[J]. ZooKeys, 2019, 855: 85-94.

[32] LI H X, YANG L, CHEN X S. Two new species of the bamboo-feeding planthopper genus *Arcofacies* Muir (Hemiptera: Fulgoroidea: Delphacidae) from China[J]. Zootaxa, 2019, 4706 (2): 384-390.

[33] LI H X, YANG L, CHEN X S. Two new species of the bamboo-feeding planthopper genus *Neobelocera* Ding & Yang, 1986 from China (Hemiptera, Fulgoroidea, Delphacidae)[J]. European Journal of Taxonomy, 2020, 641: 1-14.

[34] LUO Q, YANG L, CHEN X S. Review of the bamboo-feeding genus *Agrica* Strand (Hemiptera: Cicadellidae: Deltocephalinae), with description of two new species from China[J]. Zootaxa, 2018, 4418(1): 75-84.

[35] LUO Q, YANG L, CHEN X S. Review of the bamboo-feeding leafhopper genus *Neomohunia*, with descriptions of two new species from China (Hemiptera, Cicadellidae, Deltocephalinae, Mukariini)[J]. Zoo-

Keys, 2018, 790: 101-113.

[36] LUO Q, YANG L, CHEN X S.Two new species of the bamboo-feeding subgenus *Myittana* (*Benglebra*) from China (Hemiptera: Cicadellidae: Deltocephalinae)[J]. Zootaxa, 2019, 4646 (1): 164-172.

[37] LUO Q, YANG L, CHEN X S, et al. A key to the bamboo-feeding genus *Bambusana* Anufriev (Hemiptera, Cicadellidae, Deltocephalinae, Athysanini), with description of one new species from China[J]. ZooKeys, 2019, 861: 53-61.

[38] QIN D Z, ZHANG Y L.A revision of *Malaxella* Ding & Hu (Hemipera: Delphacidae) with description of a new species[J]. Zootaxa, 2009, 2208: 44-50.

[39] SUI Y J, CHEN X S. Review of the genus *Vekunta* Distant from China, with descriptions of two new species (Hemiptera, Fulgoromorpha, Derbidae)[J]. ZooKeys, 2019, 825: 55-69.

[40] WANG J, YANG L, CHEN X S. A new bamboo-feeding species of the leafhopper genus *Neurotettix* Matsumura (Hemiptera, Cicadellidae, Deltocephalinae) from China[J]. Zootaxa, 2021, 4908 (1):141-146.

[41] YANG L, CHEN X S. The Oriental bamboo-feeding genus *Bambusiphaga* Huang & Ding, 1979 (Hemiptera: Delphacidae: Tropidocephalini): a checklist, a key to the species and description of two new species[J]. Zootaxa, 2011, 2879: 50-58.

[42] YANG L, CHEN X S. Three new bamboo-feeding species of the genus *Symplanella* Fennah (Hemiptera, Fulgoromorpha, Caliscelidae) from China[J]. ZooKeys, 2014, 408: 19-30.

[43] YANG L, CHEN X S, LI Z Z. *Bambusimukaria*, a new bamboo-feeding leafhopper genus from China, with description of one new species (Hemiptera, Cicadellidae, Deltocephalinae, Mukariini)[J]. ZooKeys, 2016, 563: 21-32.

[44] YANG L J, YANG L, CHANG Z M, CHEN X S. Two new species of the tribe Hemisphaeriini (Hemiptera, Fulgoromorpha, Issidae) from southwestern China[J]. ZooKeys, 2019, 861: 29-41.

[45] ZHANG P, CHEN X S.Two new bamboo-feeding species of the genus *Neocarpia* Tsaur & Hsu (Hemiptera: Fulgoromorpha: Cixiidae: Eucarpiini) from Guizhou Province, China[J]. Zootaxa, 2013, 3641(1): 41-48.

[46] ZHAO Y T, LUO Q, YANG L, et al. Two new species of the bamboo-feeding subgenus *Myittana* (*Benglebra*) (Hemiptera: Cicadellidae: Deltocephalinae) from China[J]. Zootaxa, 2023, 5244 (1): 82-88.

[47] ZHI Y, YANG L, CHEN X S.Two new bamboo-feeding species of the genus *Kirbyana* Distant, 1906 from China (Hemiptera, Fulgoromorpha, Cixiidae)[J]. ZooKeys, 2021, 1037: 11-14.

中名索引

学名索引